Snel en Smaakvol

Magnetronkoken voor Elke Dag

Daan Magnetronmaestro

Samenvatting

Cheesecake met fruit en notenboter

Serveert 8-10

Continentale cheesecake, zoals je die vindt in een kwaliteitspatisserie.

45 ml / 3 st. gebroken (gespleten) amandelen.

75 g boter

175 g / 6 oz / 1½ kopje havermoutkoekjes (biscotti) of

spijsverteringskoekjes (graham crackers) verkruimeld

450 g ricotta (gladde ricotta), op kamertemperatuur

125 g kristalsuiker

15 ml / 1 eetlepel maïs (maïszetmeel)

3 eieren, op kooktemperatuur, losgeklopt

½ vers citroen- of limoensap

30ml / 2 st. rozijnen

Leg de amandelen op een bord en rooster ze op hoog vuur gedurende 2-3 minuten. Smelt de boter, onbedekt, onbedekt gedurende 2 tot 2½ minuut. Beboter een bakplaat met een diameter van 20 cm/8 cm en beleg de bodem en randen met koekjes. Klop de kaas los met alle overige ingrediënten en voeg de amandelen toe aan de gesmolten boter. Verdeel gelijkmatig over bakplaten en bedek losjes met keukenpapier. Kook tot het ontdooid is gedurende 24 minuten, waarbij u de schaal vier keer draait. Haal uit de magnetron en laat afkoelen. Laat minimaal 6 uur afkoelen voordat u het aansnijdt.

Ingeblikte gembercake

Dienst 8

225 g zelfrijzend bakmeel (zelfrijzend).

10 ml / 2 theelepels. gemengde kruiden (appeltaart).

125 g / 4 oz / ½ kopje boter of margarine op kamertemperatuur

125 g / 4 oz / ½ kopje lichtzachte bruine suiker

100 g / 4 oz / 1 kopje gehakte en geconserveerde gember uit blik

2 losgeklopte eieren

75 ml / 5 eetlepels koude melk

Suiker (zoetwaren) poedersuiker, voor stofzuigers

Bekleed een souffléschaal met een diameter van 20 cm of een soortgelijke schaal met een rechte kant strak met huishoudfolie (plasticfolie) zodat deze iets over de rand hangt. Zeef de bloem en kruiden in een kom. Rasp de boter of margarine fijn. Voeg de suiker en gember toe en zorg ervoor dat ze gelijkmatig verdeeld zijn. Meng met eieren en melk tot een gladde massa. Giet na het gelijkmatig mengen de lepel in de voorbereide schaal en dek lichtjes af met keukenpapier. Kook op vol vuur gedurende 6½-7½ minuten, tot de cake goed is gerezen en aan de zijkanten begint op te krullen. Laat 15 minuten rusten. Breng het over naar een rooster en laat de film erop zitten. Verwijder de folie als deze is afgekoeld en bewaar de cake in een luchtdichte verpakking. Bestrooi voor het serveren met poedersuiker.

Dienst 8

Bereid zoals bij de gekonfijte gembercake, maar voeg de grof geraspte schil van 1 kleine sinaasappel toe aan de eieren en de melk.

Honingcake met noten

Serveert 8-10

Sterrencake, vol snoep en licht. Het is van Griekse oorsprong, waar het Karithopitta wordt genoemd. Serveer met koffie aan het eind van de maaltijd.

Voor de basis:

100 g / 3½ oz / ½ kopje boter, op kamertemperatuur

175 g / 6 oz / ¾ kopje zachte, lichtbruine suiker

4 eieren, op kamertemperatuur

5 ml / 1 theelepel vanille-essence (extract)

10 ml / 2 theelepels. Natriumbicarbonaat (bakpoeder)

10 ml / 2 theelepels bakpoeder

5 ml / 1 theelepel gemalen kaneel

75 g / 3 oz / ¾ kopje gewone (universele) bloem.

75 g / 3 oz / ¾ kopje maïs (maïszetmeel)

100 g / 3½ oz / 1 kopje amandelschaafsel (gesplitst).

Voor de siroop:

200 ml / 7 fl oz / iets 1 kopje warm water

60 ml / 4 eetlepels. donkere zachte bruine suiker

5 cm/2 stuks kaneelstokje

5 ml / 1 theelepel citroensap

150 g / 5 oz / 2/3 kop licht-donkere honing

Ter decoratie:

18

60 ml / 4 eetlepels. gehakte gemengde noten

30ml / 2 st. licht donkere honing

Om de bodem te maken, bekleedt u de bodem en de zijkant van een souffléblikje met een diameter van 18 cm/7 inch goed met huishoudfolie (huishoudfolie), zodat het iets over de rand hangt. Doe alle ingrediënten behalve de amandelen in de kom van een keukenmachine en maal tot een gladde massa. Blend de amandelen kort zodat ze niet te veel afbreken. Verdeel het mengsel over de voorbereide borden en bedek ze lichtjes met keukenpapier. Kook gedurende 8 minuten op de hoogste stand, waarbij u de pan twee keer draait, totdat de cake aanzienlijk is gestegen en er kleine luchtbelletjes aan de bovenkant zitten. Laat 5 minuten rusten, keer het dan om op een plat bord en verwijder de folie.

Om de siroop te maken, doe je alle ingrediënten in een pan en kook je onafgedekt 5-6 minuten of tot het mengsel begint te koken. Let goed op of het begint te koken. Laat 2 minuten rusten en roer vervolgens voorzichtig met een houten lepel om de ingrediënten gelijkmatig te mengen. Giet langzaam over de cake totdat al het vocht is opgenomen. Meng de noten en honing in een kleine kom. Verhit, onbedekt, gedurende maximaal 1 1/2 minuut. Verdeel of schep op de taart.

Gember-honingcake

Serveert 10-12

45 ml / 3 eetlepels sinaasappelmarmelade

225 g / 8 oz / 1 kopje licht-donkere honing

2 eieren

125 ml / 4 fl oz / ½ kopje maïs- of zonnebloemolie

150 ml/¼ pt/2/3 kopje heet water

250 g / royaal 2 kopjes zelfrijzend bakmeel (zelfrijzend).

5 ml / 1 theelepel baking soda (bakpoeder)

3 theelepels gemalen gember

10 ml / 2 theelepels. Gemalen piment

5 ml / 1 theelepel gemalen kaneel

Bekleed een soufflévorm van 1,75 liter / 3 pt / 7½ kopje diep met huishoudfolie (huishoudfolie) zodat deze iets over de rand hangt. Doe de jam, honing, eieren, olie en water in een keukenmachine en mix tot een gladde massa. Schakel vervolgens uit. Zeef alle overige ingrediënten en doe ze in de kom van de keukenmachine. Laat de machine draaien totdat het mengsel goed gemengd is. Giet het mengsel in de voorbereide schaal en dek lichtjes af met keukenpapier. Bak op vol vuur gedurende 10 tot 10½ minuut, tot de cake goed gerezen is en de bovenkant bedekt is met kleine luchtgaatjes. Laat het bijna volledig afkoelen in de pan en breng het over naar een rooster, vastklampend aan de folie. Verwijder voorzichtig de vershoudfolie en laat volledig afkoelen. Bewaren in een luchtdichte verpakking gedurende 1 dag vóór het snijden.

Gembersiroopcake

Serveert 10-12

Maak hetzelfde als de gemberhoningcake, maar vervang de honing door gouden siroop (lichte maïs).

Traditionele peperkoek

Serveert 8-10

Een wintersprookje van de beste soort, een essentiële avond vol Halloween en Guy Fawkes.

175 g / 6 ounces / 1½ kopjes gewone (universele) bloem.

15 ml / 1 eetlepel gemalen gember

5 ml / 1 theelepel gemalen peper

10 ml / 2 theelepels. Natriumbicarbonaat (bakpoeder)

125 g / 4 oz / 1/3 kopje gouden siroop (lichte maïs).

25 ml / 1½ eetlepel zwarte siroop (stroop)

30ml / 2 st. donkere zachte bruine suiker

45 ml / 3 eetlepels bakvet of wit bakvet (bakvet)

1 groot ei, losgeklopt

60 ml / 4 eetlepels koude melk

Bedek de bodem en de zijkanten van een souffléblikje met een diameter van 15 cm stevig met huishoudfolie (huishoudfolie), zodat het iets over de rand hangt. Zeef de bloem, gember, piment en bakpoeder in een kom. Giet de siroop, de siroop, de suiker en het vet in een andere kom en verwarm onafgedekt op vol vuur gedurende 2½ tot 3 minuten, tot het vet net gesmolten is. Meng goed om te combineren. Meng de droge ingrediënten met het ei en de melk met een vork. Eenmaal goed gemengd, overbrengen naar de voorbereide schaal en lichtjes bedekken met keukenpapier. Kook op vol vuur gedurende 3-4 minuten, tot de leeuwenpoot goed gerezen is en een lichte glans heeft. Laat 10 minuten rusten. Breng het over naar een rooster en laat de film erop zitten. Verwijder het huishoudfolie en bewaar de peperkoek 1-2 dagen in een luchtdichte verpakking voordat je hem aansnijdt.

Oranje peperkoek

Serveert 8-10

Bereid je voor zoals traditionele ontbijtkoek, maar voeg de fijn geraspte schil van 1 kleine sinaasappel toe met het ei en de melk.

Koffie abrikozencake

Dienst 8

4 spijsverteringskoekjes (graham crackers), fijngehakt

225 g boter of margarine, op kamertemperatuur

225 g / 8 oz / 1 kopje zachte, donkerbruine suiker

4 eieren, op kamertemperatuur

225 g zelfrijzend bakmeel (zelfrijzend).

75 ml / 5 eetlepels koffie en cichorei-essence (extract)

425 g / 14 oz / 1 grote abrikozenpit, uitgelekt

300 ml/½ pt/1 ¼ kopje room (zwaar).

90 ml/6 eetlepels. geschaafde amandelen (gespleten), geroosterd

Bestrijk twee platte vormen met een diameter van 20 cm met gesmolten boter en bekleed de bodem en zijkanten met koekjes. Klop de boter of margarine en de suiker tot een licht en luchtig mengsel.

Klop de eieren één voor één erdoor, 15 ml/1 eetl. De resterende bloem afwisselend met 45 ml/3 el. Koffie essentie. Verdeel gelijkmatig over de voorbereide bakplaten en bedek met keukenpapier. Kook één voor één gedurende een volle 5 minuten. Laat 5 minuten afkoelen in de vormpjes en stort vervolgens op een rooster. Snij drie abrikozen en doe de rest erbij. Klop de room met de overgebleven koffie-essence tot een dikke massa. Verwijder ongeveer een kwart van de room en roer de gehakte abrikozen erdoor. Gebruikt voor sandwichcakes samen. Bestrijk de bovenkant en zijkanten met de resterende crème.

Rum-ananastaart

Dienst 8

Bereid zoals de abrikozenkoffiecake, maar laat de abrikozen achterwege. Breng de room op smaak met 30 ml/2 eetlepels. donkere rum in plaats van koffie-essence (extract). Roer 2 gehakte ananasringen uit blik door driekwart van de room en gebruik deze om de cake samen te stellen. Bestrijk de bovenkant en zijkanten met de overgebleven room en versier met doormidden gesneden ananasringen. Garneer indien gewenst met groen en geel geglazuurde (gekonfijte) kersen.

Rijke kersttaart

Voor 1 grote familietaart

Een prachtige taart vol kerstsfeer en goed doordrenkt met alcohol.
Houd het effen of bestrijk het met marsepein (amandelspijs) en wit ijs
(ijs).

200 ml / 7 fl oz / scat 1 glas zoete sherry
75 ml / 5 eetlepels cognac
5 ml / 1 theelepel gemengde specerijen (appeltaart).
5 ml / 1 theelepel vanille-essence (extract)
10 ml / 2 theelepels donkere, zachte bruine suiker
350 g gemengd gedroogd fruit (fruitcakemix)
15 ml / 1 eetlepel gehakte gemengde schil
15 ml / 1 eetlepel rode geglazuurde kersen (gekonfijt).
50 g gedroogde abrikozen
50 g / 2 oz / 1/3 kop gehakte dadels
Fijn geraspte schil van 1 kleine sinaasappel
50 g / 2 oz / ½ kopje gehakte walnoten
125 g / 4 oz / ½ kopje ongezouten (zoete) boter, gesmolten
175 g / 6 oz / ¾ kopje donkere, zachte bruine suiker
125 g / 4 oz / 1 kopje zelfrijzend bakmeel (zelfrijzend).

Doe de sherry en cognac in een grote kom. Dek af met een bord en kook op hoog vuur gedurende 3-4 minuten tot het mengsel begint te koken. Voeg de kruiden, vanille, 10 ml/2 theelepels bruine suiker, gedroogd fruit, gemengd gedroogd fruit, kersen, abrikozen, dadels, sinaasappelschillen en walnoten toe. Meng grondig. Dek af met een bord en laat het gedurende 15 minuten ontdooien, terwijl u vier keer roert. Laat een nacht rusten zodat de smaken kunnen rijpen. Bekleed een soufflévorm met een diameter van 20 cm strak met huishoudfolie (huishoudfolie), zodat deze iets over de rand uitsteekt. Meng de boter, bruine suiker, bloem en eieren door het cakemengsel. Giet het mengsel in de voorbereide schaal en dek losjes af met keukenpapier. Laat het 30 minuten ontdooien en draai het vier keer. Laat 10 minuten rusten in de magnetron. Van koud naar warm, vervolgens voorzichtig overbrengen naar een rooster, huishoudfolie. Als de cake is afgekoeld, verwijder dan de lijm. Om het op te bergen, wikkelt u het in een dubbele dikte ingevet (waspapier) papier en wikkelt u het vervolgens in folie. Bewaar het ongeveer 2 weken op een koele plaats voordat u het afdekt en glazuurt.

Voor 1 grote familietaart

Volg het recept voor de Rich Christmas Cake en bewaar deze 2 weken. De dag voor het serveren snijd je de cake doormidden, zodat je twee lagen krijgt. Smeer gesmolten (ingeblikte) abrikozenjam op beide snijkanten en sandwich samen met 225-300 g marsepein (marsepein) dik opgerold. Versier de bovenkant met in de winkel gekochte paaseieren en miniatuurkuikens.

Zaad taart

Dienst 8

Een terugkeer naar vroeger, in Wales bekend als shear cake.

225 g zelfrijzend bakmeel (zelfrijzend).

125 g / 4 oz / ½ kopje boter of margarine

175 g / 6 oz / ¾ kopje zachte, lichtbruine suiker

Fijn geraspte schil van 1 citroen

10-20 ml / 2-4 theelepels komijnzaad

10 ml / 2 theelepels geraspte nootmuskaat

2 losgeklopte eieren

150 ml/¼ pt/2/3 kop koude melk

75 ml / 5 st. gezeefde poedersuiker (pasta).

10-15 ml / 2-3 theelepels citroensap

Bedek de bodem en zijkanten van een souffléblikje met een diameter van 20 cm stevig met huishoudfolie (huishoudfolie), zodat het iets over de rand hangt. Zeef de bloem in een kom en wrijf de boter of margarine erdoor. Voeg de bruine suiker, de citroenschil, de komijn en de nootmuskaat toe en meng de eieren en de melk met een vork tot een glad en vrij zacht mengsel ontstaat. Breng het over naar het voorbereide bord en bedek het losjes met keukenpapier. Kook op vol vuur gedurende 7-8 minuten, waarbij u de pan twee keer draait, totdat de cake naar de oppervlakte is gestegen en er kleine gaatjes in zitten. Laat 6 minuten rusten en keer dan om op de grill. Zodra de cake volledig is afgekoeld, verwijdert u het huishoudfolie en draait u de cake om. Meng de poedersuiker en het citroensap tot een dikke pasta. Verdeel over de taart.

Dienst 8

225 g zelfrijzend bakmeel (zelfrijzend).

10 ml / 2 theelepels. gemengde kruiden (appeltaart).

125 g / 4 oz / ½ kopje boter of margarine

125 g / 4 oz / ½ kopje lichtzachte bruine suiker

175 g / 6 oz / 1 kopje gemengd gedroogd fruit (fruitcakemix)

2 eieren

75 ml / 5 eetlepels koude melk

75 ml / 5 st. Poedersuiker (voor snoep).

Bekleed een souffléblikje met een diameter van 18 cm/7 cm strak met huishoudfolie, zodat het iets over de rand hangt. Doe de bloem en de kruiden in een kom en wrijf de boter of margarine erdoor. Voeg de suiker en het gedroogde fruit toe. Klop de eieren en de melk en giet ze bij de droge ingrediënten, meng met een vork tot het mengsel glad en zacht is. Giet het mengsel in de voorbereide schaal en dek losjes af met keukenpapier. Kook op vol vuur gedurende 6½-7 minuten, tot de cake goed gerezen is en net begint te krimpen van de zijkanten van de pan. Haal uit de magnetron en laat 10 minuten rusten. Breng het over naar een rooster en laat de film erop zitten. Als het helemaal koud is, verwijder dan de folie en bestrooi met gezeefde poedersuiker.

Dienst 8

Bereid je zoals bij een eenvoudige fruitcake, maar vervang het gedroogde fruit door een mengsel van gehakte dadels en noten.

Wortelen taart

Dienst 8

Deze transatlantische import, ooit Paradise Cake genoemd, is al enkele jaren bij ons en verliest nooit zijn aantrekkingskracht.

Voor de taart:

3-4 wortels, in blokjes gesneden

50 g / 2 oz / ½ kopje walnootstukjes

50 g/2 ounces/½ kopje verpakte gemalen dadels, gerold in suiker

175 g / 6 oz / ¾ kopje zachte, lichtbruine suiker

2 grote eieren, op kamertemperatuur

175 ml zonnebloemolie

5 ml / 1 theelepel vanille-essence (extract)

30 ml/2 eetlepels koude melk

150 g / 5 oz / 1¼ kopje gewone (universele) bloem.

5 ml / 1 theelepel bakpoeder

4 ml / ¾ theelepel zuiveringszout (bakpoeder)

5 ml / 1 theelepel gemengde specerijen (appeltaart).

Voor de roomkaasglazuur:

175 g / 6 oz / ¾ kopje volvette roomkaas, op kamertemperatuur

5 ml / 1 theelepel vanille-essence (extract)

75 g banketbakkerssuiker, gezeefd

15 ml / 1 eetlepel vers geperst citroensap

Vet voor het maken van de taart een magnetronschaal met een diameter van 20 cm in met olie en bekleed de bodem met bakpapier. Doe de wortels en stukjes walnoot in een blender of keukenmachine en verwerk tot ze allebei fijngehakt zijn. Giet het mengsel in een kom en voeg de dadels, suiker, eieren, olie, vanille-essence en melk toe. Zeef de droge ingrediënten samen en spatel ze met een vork door het wortelmengsel. Giet in de voorbereide vorm. Dek af met vershoudfolie (huishoudfolie) en snijd twee keer door zodat de stoom kan ontsnappen. Kook gedurende 6 minuten en draai drie keer. Laat 15 minuten rusten en verwijder het dan op een rooster. Verwijder het papier. Als het volledig is afgekoeld, keer het dan om op een bord.

Om de roomkaasglazuur te maken, klopt u de roomkaas tot een gladde massa. Voeg de overige ingrediënten toe en klop lichtjes tot een gladde massa. Rol de bovenkant van de cake dik uit.

Pastinaak taart

Dienst 8

Bereid op dezelfde manier als carrotcake, maar vervang de wortels door 3 kleine pastinaken.

Dienst 8

Bereid je voor zoals bij de carrotcake, maar vervang de wortels door de geschilde pompoen en laat een middelgrote plak over, die samen met de zaden ongeveer 175 g zal opleveren. Vervang de piment door lichtdonkere, zachte bruine suiker en gemengde kruiden (appeltaart).

Scandinavische kardemomcake

Dienst 8

Kardemom wordt veel gebruikt in Scandinavisch bakken en deze cake is een typisch voorbeeld van exotisme op het noordelijk halfrond. Probeer uw plaatselijke etnische kruidenier als u problemen ondervindt aan het verkrijgen van gemalen kardemom.

Voor de taart:

175 g zelfrijzend bakmeel (zelfrijzend).

2,5 ml/½ theelepel bakpoeder

75 g / 3 oz / 2/3 kopje boter of margarine op kamertemperatuur

75 g / 3 oz / 2/3 kop zachte, lichtbruine suiker

10 ml / 2 theelepels gemalen kardemom

1 ei

Koude melk

Verder:

30ml / 2 st. geschaafde amandelen (gespleten), geroosterd

30ml / 2 st. zachte lichtbruine suiker

5 ml / 1 theelepel gemalen kaneel

Bekleed een diepe schaal met een diameter van 16,5 cm/6½ met huishoudfolie (huishoudfolie), zodat deze iets over de rand hangt. Zeef de bloem en het bakpoeder in een kom en wrijf er voorzichtig de boter of margarine doorheen. Voeg de suiker en kardemom toe. Klop het ei in een maatbeker en vul deze met melk tot 150 ml/¼ pt/2/3 kop. Meng

de droge ingrediënten met een vork tot ze goed gemengd zijn, maar
vermijd schuimvorming. Giet in de voorbereide container. Meng de
ingrediënten voor de vulling en strooi dit over de cake. Dek af met
huishoudfolie en snijd twee keer door zodat de stoom kan ontsnappen.
Kook gedurende een volle 4 minuten, keer tweemaal. Laat het 10
minuten rusten en leg het vervolgens voorzichtig op een rooster,
waarbij u de huishoudfolie erop laat zitten. Als de cake is afgekoeld,
verwijdert u voorzichtig de lijm.

Fruit thee brood

Maak 8 plakjes

225 g / 8 oz / 11/3 kopjes gemengd gedroogd fruit (fruitcakemix)
100 g / 3½ oz / ½ kopje zachte, donkerbruine suiker
30ml / 2 st. koude, sterke zwarte thee
100 g zelfrijzend volkorenmeel (zelfrijzend)
5 ml / 1 theelepel gemalen peper
1 ei geslagen op kamertemperatuur
8 hele amandelen, geblancheerd
30ml / 2 st. gouden siroop (lichte maïs).
Boter, om te verspreiden

Bedek de bodem en zijkanten van een souffléblikje met een diameter van 15 cm stevig met huishoudfolie (huishoudfolie), zodat het iets over de zijkanten hangt. Doe het fruit, de suiker en de thee in een kom, dek af met een bord en kook op hoog vuur gedurende 5 minuten. Meng de bloem, piment en het ei met een vork en doe het in de voorbereide schaal. Schik de amandelen erbovenop. Bedek losjes met keukenpapier en bak tot het ontdooid is gedurende 8-9 minuten totdat de cake goed gerezen is en begint te krimpen van de zijkanten van de pan. Laat 10 minuten rusten, doe het dan op een rooster en hang het in vershoudfolie. Verwarm de siroop in een ontdooibekertje gedurende 1 1/2 minuut. Verwijder de cakefolie en bestrijk de bovenkant met de hete siroop. Serveer in plakjes en beboterd.

Dienst 8

175 g zelfrijzend bakmeel (zelfrijzend).
175 g boter of margarine op kamertemperatuur
175 g kristalsuiker
3 eieren, op kamertemperatuur
45 ml / 3 eetlepels koude melk
45 ml / 3 eetlepels jam (uit blik)
120 ml / 4 fl oz / ½ kopje dubbele (zware) of slagroom, opgeklopt
Poedersuiker (zoet) Suiker, gezeefd, om te bestuiven

Vul de bodem en zijkanten van twee dinerborden met een diameter van 20 cm/8 cm met huishoudfolie (huishoudfolie), zodat deze iets over de rand uitsteekt. Zeef de bloem op een bord. Klop de boter of margarine en de suiker tot een licht en luchtig mengsel en de consistentie van slagroom. Klop de eieren één voor één erdoor, 15 ml/1 eetl. Meng met een grote metalen lepel afwisselend de resterende bloem met de melk. Verdeel gelijkmatig over bereide gerechten. Bedek losjes met keukenpapier. Kook één keer vol gedurende 4 minuten. Laat afkoelen tot het lauw is en stort het dan op een rooster. Verwijder de lijm en laat deze volledig afkoelen. Sandwiches samen met jam en slagroom beleggen en voor het serveren bestrooien met poedersuiker.

Walnoten taart

Dienst 8

175 g zelfrijzend bakmeel (zelfrijzend).

175 g boter of margarine op kamertemperatuur

5 ml / 1 theelepel vanille-essence (extract)

175 g kristalsuiker

3 eieren, op kamertemperatuur

50 g walnoten, fijngehakt

45 ml / 3 eetlepels koude melk

2 batches botercrèmeglazuur

16 walnoothelften, ter decoratie

Vul de bodem en zijkanten van twee dinerborden met een diameter van 20 cm/8 cm met huishoudfolie (huishoudfolie), zodat deze iets over de rand uitsteekt. Zeef de bloem op een bord. Klop de boter of margarine, de vanille-essence en de suiker tot een licht en luchtig mengsel en de consistentie van slagroom. Klop de eieren één voor één erdoor, 15 ml/1 eetl. Klop met een grote metalen lepel de walnoten los met de resterende bloem en afwisselend met de melk. Verdeel gelijkmatig over bereide gerechten. Bedek losjes met keukenpapier. Kook één keer op vol vuur gedurende 4 en een halve minuut. Laat afkoelen tot het lauw is en stort het dan op een rooster. Verwijder de lijm en laat deze volledig afkoelen. Voeg de helft van het glazuur (glazuur) toe en bestrijk de cake met de rest.

Johannesbrood taart

Dienst 8

Bereid je voor zoals Victoria Sandwich Cake, maar vervang 25 g maïszetmeel (maïszetmeel) en 25 g johannesbroodpoeder door 50 g bloem. Sandwich met room en/of jam of vers fruit. Voeg indien gewenst 5 ml / 1 theelepel vanille-essence (extract) toe aan de crème-ingrediënten.

Dienst 8

Bereid zoals Victoria Sandwich Cake, maar vervang 25 g / 1 oz / ¼ kopje maïs (maïszetmeel) en 25 g / 1 oz / ¼ kopje cacaopoeder (ongezoete chocolade) door 50 g / 2 oz / ½ kopje bloem. Sandwich met smeerbare room en/of chocolade.

Amandel taart

Dienst 8

Bereid je voor zoals voor de Victoria-sandwichcake, maar vervang dezelfde hoeveelheid bloem door 40 g / 1½ oz / 3 eetlepels gehakte amandelen. Breng de crème-ingrediënten op smaak met 2,5-5 ml/½-1 theelepel amandelessence (extract). Sandwich samen met gladde abrikozenjam (uit blik) en een dun laagje marsepein (amandelspijs).

Victoria Sandwichstraat

Dienst 8

Bereid je voor zoals Victoria sandwichcake of een van de variaties.
Sandwich met roomglazuur of botercrème (vorst) en/of jam (uit blik),
chocopasta, pindakaas, sinaasappel- of citroenschil,
sinaasappelmarmelade, fruitvulling op siroop, honing of marsepein
(amandelpasta). Bestrijk de boven- en zijkanten met slagroom of
botercrème. Versier met vers of geconserveerd fruit, noten of
gesuikerde amandelen. Om de cake nog rijker te maken, snijdt u elke
baklaag vóór het vullen doormidden, zodat u in totaal vier lagen krijgt.

Theesponscake voor de kleuterschool

Maak 6 plakjes

75 g kristalsuiker

3 eieren, op kamertemperatuur

75 g / 3 oz / ¾ kopje gewone (universele) bloem.

90 ml/6 eetlepels. dubbele (zware) of slagroom

45 ml / 3 eetlepels jam (uit blik)

Fijne (superfijne) suiker, om te bestrooien

Bekleed de bodem en zijkanten van een souffléschaal met een diameter van 18 cm met huishoudfolie (huishoudfolie), zodat deze iets over de rand hangt. Doe de suiker in een kom en laat 30 seconden op laag vuur koken. Voeg de eieren toe en klop tot het mengsel is opgeklopt en ingedikt tot de consistentie van slagroom. Hak de bloem lichtjes en spatel deze erdoor met een metalen lepel. Niet kloppen of mixen. Zodra de ingrediënten goed gemengd zijn, breng je ze over naar de voorbereide schaal. Dek losjes af met keukenpapier en laat 4 minuten koken. Laat 10 minuten rusten, doe het dan op een rooster en hang het in vershoudfolie. Als het afgekoeld is, verwijder dan de lijm. Snijd doormidden en sandwich samen met room en jam. Bestrooi voor het serveren met poedersuiker.

Citroenbiscuit

Maak 6 plakjes

Bereid als theekoekjes voor in de kinderkamer, maar voeg 10 ml/2 theelepels fijn geraspte citroenschil toe aan het mengsel van eieren en suiker, vlak voordat u de bloem toevoegt. Sandwich met citroenwrongel en room.

Oranje biscuitgebak

Maak 6 plakjes

Bereid als kindertheekoekjes, maar voeg 10 ml/2 theelepels fijn geraspte sinaasappelschil toe aan het mengsel van eieren en suiker vlak voor de bloem. Sandwich met chocopasta en room.

Espresso koffie taart

Dienst 8

250 g / 8 oz / 2 kopjes zelfrijzend bakmeel (zelfrijzend).
15 ml / 1 eetlepel / 2 zakjes oplosbaar espressopoeder
125 g / 4 oz / ½ kopje boter of margarine
125 g / 4 oz / ½ kopje zachte, donkerbruine suiker

43

Bekleed de bodem en zijkanten van een souffléschaal met een diameter van 18 cm met huishoudfolie (huishoudfolie), zodat deze iets over de rand hangt. Zeef de bloem en het koffiepoeder in een kom en wrijf de boter of margarine erdoor. Voeg de suiker toe. Klop de eieren en de melk goed los en meng ze vervolgens met een vork gelijkmatig door de droge ingrediënten. Giet het mengsel in de voorbereide schaal en dek losjes af met keukenpapier. Kook op vol vuur gedurende 6½-7 minuten, tot de cake goed gerezen is en net begint te krimpen van de zijkanten van de pan. Laat 10 minuten rusten. Breng het over naar een rooster en laat de film erop zitten. Zodra de cake volledig is afgekoeld, verwijdert u de vershoudfolie en bewaart u de cake in een luchtdichte verpakking.

Bevroren sinaasappel-espressocake

Dienst 8

Maak een espressocake. Maak ongeveer 2 uur voor het serveren een dik glazuur (glazuur) door 175 g banketbakkerssuiker (zoetstof) te mengen met voldoende sinaasappelsap om een pasta-achtig glazuur te maken. Verdeel de cake erover en decoreer met geraspte chocolade, gehakte noten, honderden en duizenden, enz.

Dienst 8

Maak een espressocake klaar en snijd deze in twee lagen. Klop 300 ml/½ pt/1¼ kopje slagroom (zwaar) met 60 ml/4 eetlepels koude melk tot een dikke massa. Zoet met 45 ml / 3 eetlepels. Kristalsuiker en op smaak brengen met espressopoeder naar smaak. Gebruik een beetje om de lagen op elkaar af te stemmen en verdeel de rest vervolgens dik over de bovenkant en zijkanten van de cake. Compleet met hazelnoten.

Rozijnen-cupcake

Maak er 12 van

125 g / 4 oz / 1 kopje zelfrijzend bakmeel (zelfrijzend).

50 g boter of margarine

50 g kristalsuiker

30ml / 2 st. rozijnen

1 ei

30 ml/2 eetlepels koude melk

2,5 ml/½ theelepel vanille-essence (extract)
Poedersuiker (zoetwaren)suiker, voor stofzuigers

Zeef de bloem in een kom en wrijf de boter of margarine er lichtjes
door. Voeg de suiker en rozijnen toe. Klop het ei los met de melk en
de vanille-essence en meng het met een vork door de droge
ingrediënten, zonder te schuimen tot een zacht deeg ontstaat. Verdeel
over 12 papieren cakevormen (cakepapier) en plaats er zes tegelijk op
de magnetronbestendige draaibank. Bedek losjes met keukenpapier.
Kook gedurende een volledige 2 minuten. Breng over naar een rooster
om af te koelen. Als ze koud zijn, bestuif ze dan met gezeefde
poedersuiker. Bewaren in een luchtdichte verpakking.

Kokos cupcakes

Maak er 12 van

Bereid zoals bij rozijnencupcakes, maar vervang de rozijnen door 25
ml/1½ theelepel gedroogde kokosnoot (versnipperd) en verhoog de
melk tot 25 ml/1½ theelepel.

Chocolade taarten

Maak er 12 van

Bereid zoals bij Raisin Cup Cakes, maar vervang de rozijnen door 30 ml/2 el. Chocoladestukjes.

Gekruide bananencake

Dienst 8

3 grote rijpe bananen

175 g/6 ounces/¾ kopje margarine/wit bakvet (bakvet), op

kamertemperatuur

175 g / 6 oz / ¾ kopje donkere, zachte bruine suiker

10 ml / 2 theelepels bakpoeder

5 ml / 1 theelepel gemalen peper

225 g / 8 oz / 2 kopjes gemout bruin meel, zoals schuurmeel

1 groot ei, losgeklopt
15 ml / 1 theelepel gehakte pecannoten
100 g / 4 oz / 2/3 kop gehakte dadels

Bedek de bodem en zijkanten van een souffléblikje met een diameter van 20 cm stevig met huishoudfolie (huishoudfolie), zodat het iets over de rand hangt. Schil de bananen en meng goed in een kom. Klop beide vetten erdoor. Meng de suiker. Meng de gist en peper met de bloem. Meng de bananen met een vork door het mengsel van eieren, noten en dadels. Verdeel gelijkmatig over de voorbereide schaal. Dek lichtjes af met keukenpapier en kook op vol vuur gedurende 11 minuten, waarbij u de pan drie keer draait. Laat 10 minuten rusten. Breng het over naar een rooster en laat de film erop zitten. Laat volledig afkoelen, verwijder dan het huishoudfolie en bewaar de cake in een luchtdichte verpakking.

Gekruide bananencake met ananasglazuur

Dienst 8

Maak een bananen-kruidencake. Bestrijk de cake ongeveer 2 uur voor het serveren met dik glazuur (icing), verkregen door 175 g poedersuiker (pasta) in een kom te zeven en te mengen tot een pasteuze glazuur met een paar druppels ananassap. Eenmaal uitgehard, garneer met gedroogde bananenchips.

Botercrème glazuur

Opbrengst 225 g / 8 oz / 1 kopje

75 g / 3 oz / 1/3 kopje boter, op kamertemperatuur

175 g / 6 oz / 1 kop (pasta) poedersuiker, gezeefd

10 ml / 2 theelepels koude melk

5 ml / 1 theelepel vanille-essence (extract)

Suiker Poedersuiker (voor gebak), om te bestuiven (optioneel)

Klop de boter licht en klop er geleidelijk de suiker door tot het licht, luchtig en verdubbeld is. Meng de melk en de vanille-essence en klop het glazuur (ijs) tot het glad en dik is.

Donker chocoladeglazuur

Opbrengst 350 g/12 oz/1½ kopjes

Een glazuur in Amerikaanse stijl dat goed werkt voor het bedekken van elke eenvoudige taart.

30 ml / 2 eetlepels boter of margarine

60 ml / 4 eetlepels melk

30 ml / 2 eetlepels cacaopoeder (ongezoete chocolade).

5 ml / 1 theelepel vanille-essence (extract)

300 g banketbakkerssuiker, gezeefd

Giet de boter of margarine, melk, cacao en vanille-essence in een kom. Kook onafgedekt gedurende 4 minuten, tot het warm en mollig is.

Klop de gezeefde poedersuiker erdoor tot het glazuur glad en redelijk dik is. Gebruik onmiddellijk.

Gezonde fruitsegmenten

doe 8

100 g gedroogde appelringen

75 g zelfrijzend volkorenmeel (zelfrijzend).

75 g/3 ounces/¾ kopje gerolde haver

75 g / 3 oz / 2/3 kop margarine

75 g / 3 oz / 2/3 kopje donkere, zachte bruine suiker

6 Californische pruimen, gehakt

Week de appelringen een nacht in water. Vul de bodem en zijkant van een eetbord met een diameter van 18 cm/7 inch goed met huishoudfolie (huishoudfolie), zodat het iets over de rand hangt. Giet de bloem en de havermout in een kom, voeg de margarine toe en kneed voorzichtig met je vingertoppen. Roer de suiker erdoor tot een stijf mengsel. Verdeel de helft over de bodem van de voorbereide schaal. Giet de appelringen af en snijd ze. Druk de pruimen lichtjes in het havermoutmengsel. Strooi de rest van het havermoutmengsel gelijkmatig over de bovenkant. Kook onafgedekt gedurende 5½-6 minuten. Laat volledig afkoelen in de container. Til het huishoudfolie op terwijl u het vasthoudt, verwijder het huishoudfolie en snijd het in partjes. Bewaren in een luchtdichte verpakking.

Gezonde fruitpartjes met abrikozen

doe 8

Bereid als fruitgezondheidssegmenten, maar

vervang de pruimen door 6 goed gewassen gedroogde abrikozen.

Zand taart

Maak 12 wiggen

225 g / 8 oz / 1 kopje ongezouten boter (zoet), op kamertemperatuur
125 g kristalsuiker, plus extra om te bestuiven
350 g / 12 ounces / 3 kopjes gewone (universele) bloem.

Beboter en bekleed een kom van 20 cm diep / 8 cm diameter. Klop de boter en de suiker licht en luchtig en klop de bloem erdoor tot een gladde en romige massa. Verdeel gelijkmatig in de voorbereide pan en

51

prik alles met een vork. Kook onafgedekt gedurende 20 minuten om te ontdooien. Haal het uit de magnetron en bestrooi met 15 ml/1 eetlepel poedersuiker. Snijd het in 12 partjes terwijl het nog een beetje warm is. Breng het voorzichtig over naar een rooster en laat het volledig afkoelen. Bewaren in een luchtdichte verpakking.

Maak 12 wiggen

Bereid zoals bij zanddeeg, maar vervang 25 g griesmeel (tarwecrème) door 25 g bloem.

Maak 12 wiggen

Bereid zoals bij zanddeeg, maar vervang 25 g maïszetmeel door 25 g bloem.

Maak 12 wiggen

Bereid op dezelfde manier als zanddeeg, maar voeg 10 ml / 2 theelepels toe. (Appeltaart) Specerijen vermengd met bloem.

Maak 12 wiggen

Bereid zoals bij zanddeeg, maar vervang het zelfrijzend bakmeel door 00 bloem en zeef er 10 ml/2 theelepels door. Kaneelpoeder. Bestrijk de bovenkant met 15-30 ml / 1-2 eetlepels. van room, druk dan voorzichtig op licht geroosterde amandelschilfers.

Kaneel balletjes

Maak er de 20e van

De Paasspecialiteit, een kruising tussen een koekje (taart) en een taart
die in de magnetron beter houdbaar is dan gebakken.

2 grote eieren
125 g kristalsuiker
30 ml / 2 eetlepels gemalen kaneel
225 g / 8 oz / 2 kopjes gehakte amandelen
Zeef de suiker van de banketbakkers

Klop de eiwitten tot ze beginnen te schuimen en roer er dan de suiker, kaneel en amandelen door. Gooi 20 ballen met natte handen. Schik het in twee ringen, de een direct op elkaar, rond de rand van een groot bord. Kook onafgedekt gedurende 8 minuten en draai de plaat vier keer. Laat afkoelen tot het warm is en rol het dan door de poedersuiker tot alles goed bedekt is. Laat volledig afkoelen en bewaar in een luchtdichte verpakking.

Gouden cognacschoten

Maak er 14 van

Traditioneel vrij moeilijk om te koken, ze werken als een droom in de magnetron.

50 g / 2 oz / ¼ kopje boter

50 g gouden siroop (lichte maïs).

40 g / 1½ oz / 3 eetlepels gouden basterdsuiker

40 g / 1½ oz / 1½ theelepel. gemoute bruine bloem, zoals tarwe

2,5 ml/½ theelepel gemalen gember

150 ml/¼ pt/2/3 kop dubbel (zwaar) of slagroom

Doe de boter in een kom en smelt, onafgedekt, gedurende 2 tot 2 1/2 minuut. Voeg de siroop en suiker toe en meng goed. Kook onafgedekt gedurende 1 volle minuut. Meng de bloem en gember. Plaats vier zeer goed gescheiden eetlepels van het mengsel van 5 ml/1 theelepel rechtstreeks op de magnetronbestendige glazen of plastic bewaarschaal. Kook gedurende 1½ tot 1¾ minuten, totdat de stukjes cognac er bruin en kanten uitzien. Haal het draaiplateau voorzichtig uit de magnetron en laat de koekjes 5 minuten rusten. Til elke keer op met een spatel. Wikkel het handvat van een grote houten lepel. Druk de gewrichten samen met uw vingertoppen en schuif ze naar de bodem van de lepelbeker. Herhaal met de overige drie koekjes. Eenmaal uitgehard, verwijder het van het handvat en breng het over naar een rooster. herhaal dit totdat het resterende mengsel op is. Bewaren in een luchtdichte doos. Giet voor het eten de room over beide kanten van elke cognac en eet dezelfde dag als ze zacht worden voor de voeten.

Chocolade cognac pop

Maak er 14 van

Bereid je voor zoals je zou doen met Golden Brandy Snaps. Voordat u de crème vult, plaatst u deze op een bakplaat en bestrijkt u het oppervlak met gesmolten donkere of witte chocolade. Laat rusten en voeg dan de room toe.

Het is ongeveer 8

Een kruising tussen een brood en een scone, superlicht en heerlijk warm gegeten, besmeerd met boter en (geconserveerde) jam of heidehoning.

225 g / 8 oz / 2 kopjes volkorenmeel

5 ml / 1 theelepel wijnsteencrème

5 ml / 1 theelepel baking soda (bakpoeder)

1,5 ml / ¼ theelepel zout

20 ml / 4 theelepels. poedersuiker

25 g / 1 oz / 2 eetlepels boter of margarine

150 ml / ¼ pt / 2/3 kopje karnemelk, of vervang een mengsel van half zuivelvrije yoghurt en half magere melk als dit niet beschikbaar is

Geklopt ei, om te verspreiden

Extra 5 ml / 1 theelepel suiker gemengd met 2,5 ml / ½ theelepel gemalen kaneel om te bestrooien

Zeef de bloem, de wijnsteenroom, het zuiveringszout en het zout in een kom. Giet de suiker erbij en rasp de boter of margarine fijn. Voeg de karnemelk (of vervangingsmiddel) toe en meng met een vork tot een relatief zacht deeg. Leg het op een met bloem bestover oppervlak en kneed snel en licht tot een gladde massa. Rol het deeg gelijkmatig uit tot een dikte van 1 cm/½ en snij het vervolgens in rondjes met een koekjesvormer van 5 cm/2 cm. Rol het schroot opnieuw op en blijf rollen. Plaats de boter rond de rand van een ovenschaal van 25 cm/10 cm. Bestrijk ze met ei en bestrooi ze met het kaneel-suikermengsel. Laat het geheel 4 minuten onafgedekt koken, waarbij u de bakplaat vier keer draait. Laat 4 minuten rusten en breng het dan over naar een rooster. Eet terwijl het nog warm is.

Rozijnen scones

Het is ongeveer 8

Bereid zoals bij scones, maar voeg 15 ml/1 eetlepel rozijnen met de suiker toe.

Brood

Alle vloeistoffen die in gezuurd brood worden gebruikt, moeten lauw zijn, niet heet of koud. De beste manier om de juiste temperatuur te bereiken is door half kokende vloeistof met half koude vloeistof te mengen. Als de tweede knokkel van uw pink nog warm is wanneer u deze indompelt, koel deze dan een beetje af voordat u hem gebruikt.

Een te warme vloeistof is problematischer dan een te koude vloeistof, omdat deze de gist kan doden en een plakkerig brood kan vormen.

Basisdeeg voor witbrood

Maak 1 brood

Een snel deeg voor wie graag bakt maar weinig tijd heeft.

450 g / 1 lb / 4 kopjes sterke bloem (voor brood).
5 ml / 1 theelepel zout
1 zakje licht gemengde droge gist
30 ml / 2 eetlepels boter, margarine, wit bakvet (bakvet) of bakvet
300 ml / ½ pt / 1¼ kopjes warm water

Zeef de bloem en het zout in een kom. Warm, onbedekt, onbedekt gedurende 1 minuut. Voeg gist toe en wrijf het vet erdoor. Meng tot een pasta met water. Kneed op een met bloem bestoven deegbord tot het deeg glad, elastisch en niet meer plakkerig is. Keer terug naar de schone en gedroogde maar nu licht geoliede kom. Bedek de kom zelf, niet het deeg, met huishoudfolie (huishoudfolie) en draai hem twee keer om, zodat de stoom kan ontsnappen. Opwarmen om te ontdooien gedurende 1 minuut. Laat 5 minuten rusten in de magnetron. Herhaal dit drie of vier keer totdat het deeg in omvang is verdubbeld. Meng snel en gebruik het dan zoals in de reguliere recepten of onderstaande magnetronrecepten.

Basis zwartbrooddeeg

Maak 1 brood

Volg het basisrecept voor witbrooddeeg, maar gebruik een van de volgende in plaats van volkoren (gewoon) meel:

- half wit en half volkorenmeel

- allemaal volkorenmeel

- De helft volkorenmout en de helft witte bloem

-

Basisdeeg voor melkbrood

Maak 1 brood

Volg het basisrecept voor witbrooddeeg, maar gebruik een van de volgende in plaats van water:

- allemaal magere melk

- Half volle melk en half water

Vader Brood

Maak 1 brood

Een zachte korst en bleek brood, dat in het noorden van Groot-Brittannië meer wordt gegeten dan in het zuiden.

Maak basisdeeg van witbrood, basisdeeg van bruinbrood of basisdeeg van zuivelbrood. Na de eerste meerderingen snel en licht kneden en vervolgens tot een ronde vorm van ongeveer 5 cm dik vormen. Leg het op een beboterd en met bloem bestoven rond plat bord. Dek af met keukenpapier en laat 1 minuut ontdooien. Laat 4 minuten rusten. Herhaal dit drie of vier keer totdat het deeg in omvang is verdubbeld. Bestrooi met witte of bruine bloem. Kook onafgedekt gedurende een volledige 4 minuten. Afkoelen op een rooster.

Vader Rotoli

Feit 16

Maak basisdeeg van witbrood, basisdeeg van bruinbrood of basisdeeg van zuivelbrood. Na de eerste rol snel en licht kneden en vervolgens gelijkmatig in 16 delen verdelen. Creëer platte ronde vormen. Schik acht balletjes rond de rand van elk ingevet en bevlekt bord. Dek af met keukenpapier en ontdooi één gerecht per keer gedurende 1 minuut, laat het vervolgens 4 minuten rusten en herhaal dit drie of vier keer totdat de broodjes in omvang zijn verdubbeld. Bestrooi met witte of bruine bloem. Kook onafgedekt gedurende een volledige 4 minuten. Afkoelen op een rooster.

Cheeseburger

Maak er 12 van

Bereid je voor zoals bij Bap Rolls, maar verdeel het deeg in 12 stukken in plaats van 16. Wikkel zes rollen aan beide kanten van de folie en bak zoals aangegeven.

Zoete fruitbroodjes

Feit 16

Bereid zoals bij Bap Rolls, maar voeg 60 ml/4 eetlepels vloeistof toe voordat u gaat mengen. Rozijnen in 30 ml / 2 eetlepels. Suiker.

Feit 16

Bereid je voor zoals bij Bap Rolls, maar bebloem ze niet voordat je ze gaat koken. Als het afgekoeld is, snijd het doormidden en vul het met room of clotted cream en aardbeien- of frambozenjam (uit blik). Bestrooi rijkelijk met gezeefde poedersuiker (pasta). Eten op dezelfde dag.

De fantasierijke rollen

Feit 16

Maak basisdeeg van witbrood, basisdeeg van bruinbrood of basisdeeg van zuivelbrood. Na de eerste rol snel en licht kneden en vervolgens gelijkmatig in 16 delen verdelen. Vorm vier stukken in ronde rollen en snij in de bovenkant van elk een gleuf. Rol vier stukken tot touwen, elk 20 cm lang, en leg er een knoop in. Vorm vier stukken van het Weense brood en maak er drie diagonale plakjes op. Verdeel elk van de vier overgebleven stukken in drie, rol ze in strakke touwen en vlecht ze samen. Leg alle broodjes op een beboterde en ingevette bakplaat en verwarm ze tot ze in volume verdubbeld zijn. Bestrijk de bovenkant met ei en bak in het algemeen op 230°C/450°C/gasstand 8 gedurende 15-20 minuten. Haal de broodjes uit de oven en leg ze op een rooster.

Broodjes met toppings

Feit 16

Bereid je voor zoals je dat met Fancy Rolls zou doen. Nadat u de bovenkant van de broodjes met ei hebt bestrijkt, bestrooit u met een van de volgende producten: maanzaad, geroosterd sesamzaad, venkelzaad, havermout, gebroken tarwe, geraspte harde kaas, grof zeezout, aromatische zouten.

komijn brood

Maak 1 brood

Maak een basisvolkorenbroodbeslag door 10-15 ml / 2-3 theelepels karwijzaad aan de droge ingrediënten toe te voegen voordat je de vloeistof toevoegt. Na de eerste rol lichtjes kneden en dan een bal vormen. Giet het mengsel in een ingevette ronde schaal van 450 ml/¾ pt/2 kopjes met rechte zijkanten. Dek af met keukenpapier en laat 1 minuut ontdooien. Laat 4 minuten rusten. Herhaal dit drie of vier keer totdat het deeg in omvang is verdubbeld. Bestrijk ze met losgeklopt ei en bestrooi ze met grof zout en/of extra komijn. Dek af met keukenpapier en kook op hoog vuur gedurende 5 minuten, waarbij u één keer draait. Kook nog 2 minuten op het volledige oppervlak. Laat het 15 minuten rusten en spreid het vervolgens voorzichtig uit op een rooster.

roggebrood

Maak 1 brood

Maak een basisvolkorenbrooddeeg met de helft volkorenmeel en de helft roggemeel. Bak als een brood.

Brood met olie

Maak 1 brood

Maak een basis witbrooddeeg of een basis volkorenbrooddeeg en vervang de rest van het vet door olijfolie, walnoten of hazelnootolie. Als het deeg aan de plakkerige kant blijft, voeg dan nog wat bloem toe. Kook zoals voor Bap Loaf.

Italiaans brood

Maak 1 brood

Maak een basisdeeg voor witbrood, maar vervang de olijfolie door andere vetten en voeg 15 ml/1 eetlepel rode pesto en 10 ml/2 theelepel toe. Pureer de zongedroogde tomaat (pasta) voordat u deze door de vloeistof mengt. Kook als Bap Loaf, wacht nog eens 30 seconden.

Spaans brood

Maak 1 brood

Maak een basisdeeg voor witbrood, maar vervang de olijfolie door een ander vet en voeg 30 ml/2 eetlepels gedroogde (gedroogde) ui en 12 gehakte gevulde olijven toe voordat je het door de vloeistof mengt. Kook als Bap Loaf, wacht nog eens 30 seconden.

Tikka Masala-brood

Maak 1 brood

Maak een basisdeeg voor witbrood, maar vervang de gesmolten ghee of maïsolie door andere vetten en voeg 15 ml/1 eetlepel tikkakruidenmix en de zaden van 5 groene kardemompeulen toe voordat je het door de vloeistof roert. Kook als Bap Loaf, wacht nog eens 30 seconden.

Gemout fruitbrood

Maak 2 broden

450 g / 1 lb / 4 kopjes sterke bloem (voor brood).
10 ml / 2 theelepels zout
1 zakje licht gemengde droge gist
60 ml / 4 eetlepels. gemengde krenten en rozijnen
60 ml / 4 eetlepels moutextract
15 ml / 1 eetlepel zwarte siroop (stroop)
25 g / 1 oz / 2 eetlepels boter of margarine
45 ml / 3 eetlepels. warme magere melk
150 ml/¼ pt/2/3 kop warm water
Boter, om te verspreiden

Zeef de bloem en het zout in een kom. Voeg de gist en het gedroogde fruit toe. Giet het moutextract, de siroop en de boter of margarine in een kleine kom. Ontdooien, onbedekt, gedurende 3 minuten. Voeg de bloem met de melk en voldoende water toe om een zacht maar niet plakkerig deeg te verkrijgen. Kneed op een met bloem bestoven deegbord tot het deeg glad, elastisch en niet meer plakkerig is. Verdeel in twee gelijke delen. Vorm elk stuk zodat het in een ingevette ronde of rechthoekige schaal van 900 ml/1½ pt/3¾ kopje past. Bedek de borden, niet het deeg, met huishoudfolie (huishoudfolie) en snijd deze twee keer door, zodat de stoom kan ontsnappen. Verwarm samen gedurende 1 minuut om te ontdooien. Laat 5 minuten rusten. Herhaal dit drie of vier keer totdat het deeg in omvang is verdubbeld. Verwijder de vershoudfolie. Plaats de kommen naast elkaar in de magnetron en kook onafgedekt gedurende 2 volle minuten. Draai de borden in de tegenovergestelde richting en laat nog 2 minuten koken. Herhaal. Laat 10 minuten rusten. Omkeren op de grill. Bewaren in een luchtdichte verpakking als het volledig koud is. Laat 1 dag staan alvorens aan te snijden en in te smeren met boter.

Iers sodabrood

Maak 4 kleine balletjes

200 ml / 7 fl oz / light 1 kopje karnemelk of 60 ml / 4 eetlepels magere
melk en yoghurt
75 ml / 5 eetlepels. volle melk
350 g volkorenmeel
125 g / 4 oz / 1 kopje gewone (universele) bloem.
10 ml / 2 theelepels. Natriumbicarbonaat (bakpoeder)
5 ml / 1 theelepel wijnsteencrème
5 ml / 1 theelepel zout
50 g/2 ounces/¼ kopje boter, margarine of wit bakvet (bakvet)

Vet een bakplaat van 25 cm/10 cm goed in. Roer de karnemelk of karnemelk en melk erdoor. Giet het volkorenmeel in een kom en voeg de bloem, frisdrank, wijnsteenroom en zout toe. Rasp het vet fijn. Voeg de vloeistof in één keer toe en meng met een vork tot je een zacht deeg verkrijgt. Kneed snel met bebloemde handen tot een gladde massa. Vorm een ronde mal van 18 cm/7 cm. Breng over naar het midden van de plaat. Snij met de achterkant van een mes een diep kruis over de bovenkant en bestuif lichtjes met bloem. Dek losjes af met keukenpapier en laat 7 minuten koken. Het brood zal rijzen en zich verspreiden. Laat 10 minuten rusten. Verwijder met behulp van een vissnijder de plaat en plaats deze op de grill. Verdeel het afgekoelde mengsel in vier delen. In een luchtdichte verpakking maximaal 2 dagen houdbaar,

Frisdrankbrood met zemelen

Maak 4 kleine balletjes

Bereid zoals bij Irish Soda Bread, maar voeg vóór het mengen 60 ml/4 eetlepels grove zemelen toe aan de vloeistof.

Om al het brood op te frissen

Doe het brood of de broodjes in een bruine papieren zak of plaats ze tussen de plooien van een schone handdoek (vaatdoek) of servet. Verwarm opnieuw om te ontdooien totdat het brood enigszins warm aanvoelt aan de oppervlakte. Eet onmiddellijk en herhaal niet met restjes van hetzelfde brood.

Maakt 4 broden

Maak een basisdeeg voor witbrood. Verdeel het in vier gelijke delen en kneed elk voorzichtig tot een bal. Rol het uit tot ovalen, elk 30 cm lang/12 cm in het midden. Bestrooi licht met bloem. Bevochtig de randen met water. Vouw ze allemaal dubbel en breng de bovenrand naar de grond. Druk de randen goed aan om ze af te dichten. Plaats op een beboterde en ingevette bakplaat. Bak onmiddellijk in een conventionele oven op 230°C/450°C/gasstand 8 gedurende 20-25 minuten, tot de broden goed gerezen en goudbruin zijn. Afkoelen op een rooster. Laat afkoelen, verdeel en eet met Griekse dips en andere gerechten.

Gegeleerde kersen in de haven

Dienst 6

750 g ontpitte zure kersen uit blik op lichte siroop, uitgelekt en ingeblikt
15 ml / 1 eetlepel gelatinepoeder
45 ml / 3 st. poedersuiker
2,5 ml/½ theelepel gemalen kaneel
Porto Bruno

Slagroom (zwaar), slagroom en gemengde kruiden (appeltaart) ter garnering

Giet 30 ml/2 eetlepels siroop in een grote maatbeker. Roer de gelatine erdoor en laat 2 minuten zacht worden. Dek af met een bord en laat 2 minuten ontdooien. Roer om ervoor te zorgen dat de gelatine is opgelost. Roer de resterende kersenbloesemsiroop, suiker en kaneel erdoor. Maakt tot 450 ml/¾ pt/2 kopjes met port. Dek af zoals voorheen en verwarm gedurende 2 minuten op Vol, al roerend driemaal, tot de vloeistof heet is en de suiker is opgelost. Breng over naar een bassin van 1,25 liter / 2¼ pt / 5½ cup en laat afkoelen. Dek af en zet in de koelkast totdat het gelatinemengsel dikker begint te worden en iets rond de rand van het zwembad zakt. Stapel de kersen op elkaar en verdeel ze over zes dessertbordjes. Zet in de koelkast tot het volledig is uitgehard. Versier voor het serveren met room en meng met gemengde kruiden.

Gegeleerde kersen in cider

Dienst 6

Bereid je zoals voor portkersen in gelei, maar vervang de harde, droge cider en kaneel door 5 ml/1 theelepel. geraspte sinaasappelschil.

Hete ananas

Dienst 8

225 g kristalsuiker

150 ml/¼ pt/2/3 kop koud water

1 grote verse ananas

6 hele kruidnagels

5 cm/2 stuks kaneelstokje

1,5 ml/¼ theelepel geraspte nootmuskaat

60 ml / 4 eetlepels. medium droge sherry

15 ml / 1 eetlepel donkere rum
Koekjes (koekjes), voor serveren

Doe de suiker en het water in een container van 2,5 liter/4½ pt/11 kopjes en meng goed. Dek af met een groot omgekeerd bord en kook op vol vuur gedurende 8 minuten om de siroop te maken. Schil intussen de ananas, verwijder het klokhuis en verwijder de ogen met de punt van een aardappelschiller. Snijd de plakjes in plakjes en snijd ze vervolgens in stukjes. Voeg de siroop toe met de overige ingrediënten. Dek af met vershoudfolie (huishoudfolie) en snijd twee keer door zodat de stoom kan ontsnappen. Kook gedurende 10 minuten en draai de pan drie keer. Laat het 8 minuten staan voordat u het in kommen schept en eet met knapperige, boterachtige koekjes.

Sharons hete fruit

Dienst 8

Bereid je voor zoals bij hete ananas, maar vervang de ananas door 8 liter Sharonfruit. Nadat je de siroop met de andere ingrediënten hebt toegevoegd, kook je het geheel op vol vuur gedurende slechts 5 minuten. Proef met cognac in plaats van rum.

Gebakken perziken

Dienst 8

Bereid je voor zoals bij de warme ananas, maar vervang de ananas door 8 grote perziken, doormidden gesneden en ontpit. Nadat je de siroop met de andere ingrediënten hebt toegevoegd, kook je het geheel op vol vuur gedurende slechts 5 minuten. Op smaak gebracht met sinaasappellikeur in plaats van rum.

Roze peren

Dienst 6

450 ml/¾ pt/2 glazen roséwijn

75 g kristalsuiker

6 dessertperen, steel links

30 ml / 2 eetlepels maïs (maïszetmeel)

45 ml / 3 eetlepels koud water

45 ml / 3 st

Giet de wijn in een diepe kom die groot genoeg is om alle peren in één laag aan de zijkant te passen. Voeg de suiker toe en meng goed. Kook onafgedekt gedurende een volledige 3 minuten. Schil intussen de peren en zorg ervoor dat je de steel niet verliest. Schik het wijn-suikermengsel ernaast. Dek af met vershoudfolie (huishoudfolie) en snijd twee keer door zodat de stoom kan ontsnappen. Kook gedurende een volledige 4 minuten. Draai de peren met twee lepels. Dek af zoals voorheen en kook nog 4 minuten op vol vuur. Laat 5 minuten rusten. Verticaal op een serveerschaal rangschikken. Om de saus dikker te maken, mengt u de maïsmeel gelijkmatig met het water en roert u de portemonnee erdoor. Roer het wijnmengsel erdoor. Kook, onafgedekt, gedurende een volle 5 minuten, onder snel roeren elke minuut, tot het iets dikker en bleek is.

kerstpudding

Voor 2 puddingen, 6-8 per portie

65 g / 2½ ounces gewone bloem (universeel).
15 ml / 1 eetlepel cacaopoeder (ongezoete chocolade).
10 ml / 2 theelepels. gemengde kruiden (appeltaart) of gemalen piment
5 ml / 1 theelepel geraspte sinaasappel- of mandarijnenschil
75 g / 3 oz / 1½ kopje vers volkorenbrood
125 g / 4 oz / ½ kopje zachte, donkerbruine suiker

450 g gemengd gedroogd fruit (fruitcakemix) met schil

125 g / 4 oz / 1 kopje gehakt niervet (vegetarisch indien gewenst)

2 grote eieren, op kamertemperatuur

15 ml / 1 eetlepel zwarte siroop (stroop)

60 ml / 4 eetlepels. Guinness

15 ml / 1 eetlepel melk

Vet twee puddingvormpjes van 900 ml/1½ pt/3¾ kopje voorzichtig in. Zeef de bloem, cacao en kruiden in een grote kom. Neem de schil, het brood, de suiker, het fruit en het niervet. Klop in een aparte kom de eieren, siroop, Guinness en melk. Meng de droge ingrediënten met een vork tot een glad mengsel ontstaat. Verdeel gelijkmatig over de voorbereide bassins. Bedek elk losjes met keukenpapier. Kook één voor één gedurende een volle 4 minuten. Laat 3 minuten rusten in de magnetron. Kook elke pudding nog eens 2 minuten op volledig kookpunt. Snijd van rollen als het afgekoeld is. Wanneer het is afgekoeld, wikkel het dan in een dubbele dikte waspapier (vettig) en vries het in tot het klaar is voor gebruik. Om te serveren volledig ontdooien, in porties snijden en afzonderlijk op borden opwarmen gedurende 50 tot 60 seconden.

Pruimenpudding met boter

Voor 2 puddingen, 6-8 per portie

Maak het als een kerstpudding, maar vervang het door 125 g gesmolten boter.

Pruimenpudding met olie

Voor 2 puddingen, 6-8 per portie

Bereid je voor zoals bij de kerstpudding, maar vervang de zaadjes door 75 ml/5 el. Zonnebloem- of maïsolie. Voeg nog eens 15 ml/1 eetlepel melk toe.

Fruitsoufflé in glazen

Dienst 6

400 g / 14 oz / 1 grote pot met fruitvulling
3 eieren, gescheiden
90 ml/6 eetlepels. ongezoete crème

Giet de fruitvulling in een kom en roer de eidooiers erdoor. Klop de eiwitten stijf en spatel ze voorzichtig door het fruitmengsel tot ze goed gemengd zijn. Giet het mengsel in zes wijnglazen (geen kristallen) tot ze halfvol zijn. Kook en stoom om te ontdooien gedurende 3 minuten. Het mengsel moet naar de bovenkant van elk glas stijgen, maar zal iets krimpen als het uit de oven wordt gehaald. Maak met een mes een inkeping in de bovenkant van elk. Verdeel 15 ml / 1 eetlepel room over elk. Het loopt langs de zijkanten van de bril naar de basis. Serveer onmiddellijk.

Bijna instant kerstpudding

Voor 2 puddingen, elk 8 porties

Absoluut briljant, ongelooflijk rijk van smaak, diep tonisch, fruitig en snel rijpend, je hoeft ze dus geen weken van tevoren te maken. De geconserveerde fruitvulling is de echte drijvende kracht en maakt de

pudding tot een perfect succes.

225 g / 8 oz / 4 kopjes vers witbrood

125 g / 4 oz / 1 kopje gewone (universele) bloem

12,5 ml / 2½ theelepel gemalen piment

175 g / 6 oz / ¾ kopje donkere, zachte bruine suiker

275 g / 10 oz / 2¼ kopjes fijngehakt niervet (optioneel)

675 g / 1½ lb / 4 kopjes gemengd gedroogd fruit (fruitcakemix)

3 eieren, goed geslagen

400 g / 14 oz / 1 grote pot gevuld met kersenbloesems

30 ml / 2 eetlepels zwarte siroop (stroop)

Hollandse botercrème of slagroom, om erbij te serveren.

Vet twee puddingvormpjes van 900 ml/1½ pt/3¾ kopje voorzichtig in. Doe het brood in een kom en zeef de bloem en piment erdoor. Voeg de suiker, het niervet en het gedroogde fruit toe. Meng tot het vrij zacht is met de eieren, de fruitvulling en de siroop. Verdeel over voorbereide kommen en bedek elk losjes met keukenpapier. Kook één voor één gedurende 6 minuten. Laat 5 minuten rusten in de magnetron. Kook elke pudding nog 3 minuten op vol vuur en draai de kom tweemaal. Snijd van rollen als het afgekoeld is. Wanneer het is afgekoeld, wikkel het dan in waspapier (vettig) en bewaar het in de koelkast tot het klaar is voor gebruik. Snijd in porties en verwarm zoals aangegeven in de voedseltabel. Serveer met slagroom of slagroom.

Een bijzonder fruitige kerstpudding

Serveert 8-10

Billington's Sugar met boter of margarine vervangt suiker.

75 g / 3 oz / ¾ kopje gewone (universele) bloem.
7,5 ml / 1½ theelepel gemalen piment

40 g volkorenbrood

75 g / 3 oz / 1/3 kopje demerarasuiker

75 g / 3 oz / 1/3 melassesuiker

125 g krenten

125 g rozijnen (gouden rozijnen)

125 g gedroogde abrikozen, gehakt

45 ml / 3 st. gehakte geroosterde hazelnoten

1 kleine dessertappel, geschild en geraspt

Fijn geraspte schil en sap van 1 kleine sinaasappel

50 ml / 2 fl oz / 3½ eetlepel koude melk

75 g / 3 oz / 1/3 kop boter of margarine

50 g pure chocolade (halfzoet), in stukjes gebroken

1 groot ei, losgeklopt

Brandewijn saus

Vet een puddingvorm van 900 ml/1½ pt/3¾ kopje zorgvuldig in. Zeef de bloem en kruiden in een grote kom. Voeg het brood en de suiker toe en meng om alle klontjes los te maken. Meng gedroogde krenten, rozijnen, abrikozen, noten, appels en sinaasappelschillen. Giet het sinaasappelsap in de beker. Voeg melk, boter of margarine en chocolade toe. Verwarm tot het ontdooid is gedurende 2½-3 minuten, tot de boter en chocolade zijn gesmolten. Meng de droge ingrediënten met een losgeklopt ei. Schep in het voorbereide zwembad. Bedek losjes met perkament of vetvrij papier. Kook gedurende 5 minuten en draai de kom tweemaal. Laat 5 minuten rusten. Kook nog 5 minuten

op vol vuur en draai de gootsteen tweemaal. Laat 5 minuten rusten
voordat u het serveert met cognacsaus.

Pureer de pruimen

Dienst 4

450 g ontpitte pruimen (gevuld).
125 g / 4 oz / ½ kopje zachte bruine suiker
175 g / 6 oz / 1½ kopjes gewoon volkoren meel (voor alle doeleinden).
125 g / 4 oz / ½ kopje boter of margarine
75 g / 3 oz / 1/3 kopje demerarasuiker
2,5 ml/½ theelepel gemalen piment (optioneel)

Doe de pruimen in een beboterde spuitzak van 1 liter. Meng de suiker.
Giet de bloem in een kom en wrijf er voorzichtig de boter of margarine
door. Voeg de suiker en kruiden toe en meng. Strooi het mengsel dik
over het fruit. Laat het geheel 10 minuten onafgedekt koken, waarbij u
de pan twee keer draait. Laat 5 minuten rusten. Eet warm of warm.

Pureer de pruim en de appel

Dienst 4

Bereid als pruimencrumble, maar vervang de helft van de pruimen
door 225 gram geschilde en in plakjes gesneden appels. Voeg 5 ml/1
theelepel geraspte citroenschil toe aan het fruit met de suiker.

Pureer de abrikozen

Dienst 4

Bereid als een pruimencrumble, maar vervang de pruimen door verse ontpitte abrikozen.

Bessencrumble met amandelen

Dienst 4

Doe hetzelfde als de pruimencrumble, maar vervang de pruimen door de voorbereide bessen. Voeg 30 ml/2 eetlepels geroosterde amandelschilfers (gehakt) toe aan het kruimelmengsel.

Plet de peren en rabarber

Dienst 4

Bereid als pruimencrumble, maar vervang de pruimen door een mengsel van geschilde en gehakte peren en gehakte rabarber.

Plet de nectarine en bosbes

Dienst 4

Bereid als pruimencrumble, maar vervang de pruimen door het ontpitte (ontpitte) en gesneden nectarine-bosbessenmengsel.

Appel Betty

Serveert 4-6

50 g boter of margarine
125 g / 4 oz / 2 kopjes knapperig brood, gekocht of gemaakt met toast
175 g / 6 oz / ¾ kopje zachte, lichtbruine suiker
750 g bakappels, geschild, klokhuis verwijderd en in dunne plakjes
gesneden

Beboter een cakeblik van 600 ml/1 pt/2½ kopje. Smelt boter of margarine op vol vuur gedurende 45 seconden. Meng het brood en tweederde van de suiker. Meng de appelschijfjes, het citroensap, de citroenschil, de kaneel, het water en de resterende suiker. De bereide cakevorm wordt afwisselend gevuld met brood- en appelmengsel in lagen, beginnend en eindigend met paneermeel. Kook onafgedekt gedurende 7 minuten, waarbij u de pan twee keer draait. Laat 5 minuten rusten voordat u het serveert met room of ijs.

Nectarine of Perzik Betty

Serveert 4-6

Bereid je voor zoals bij Apple Betty, maar vervang de appels door gesneden, gedroogde (ontpitte) nectarines of perziken.

Walnotenpudding vernietigt het Midden-Oosten

Dienst 6

Dit is een geweldige pudding uit wat ooit bekend stond als Arabië. Oranjebloesemwater is verkrijgbaar in sommige supermarkten en apotheken.

6 grote granen gehakt

100 g / 3½ oz / 1 kop geroosterde pijnboompitten

125 g kristalsuiker

150 ml/¼ pt/2/3 kop volle melk

50 g / 2 ounces / ¼ kopje boter (geen margarine)

45 ml / 3 st. oranje bloemenwater

Beboter een diepe bakvorm met een diameter van 20 cm en verkruimel 3 gehakte granen op de bodem. Roer de noten en suiker erdoor en strooi gelijkmatig over de bovenkant. Bestrooi met de resterende gehakte tarwe. Verwarm de melk en de boter in een kopje zonder deksel gedurende anderhalve minuut. Meng met oranjebloesemwater. Giet de ingrediënten voorzichtig met een lepel in de kom. Kook onafgedekt gedurende 6 minuten. Laat 2 minuten rusten alvorens te serveren.

Zomerse fruitcocktail

Dienst 8

225g / 8oz / 2 cup sokken met uiteinden en staarten

225 g rabarber, gehakt

30 ml / 2 theelepels koud water

250 g kristalsuiker

450 g aardbeien, in plakjes

125 g frambozen

125 g rode bessen, stengels verwijderd

30 ml / 2 eetlepels cassis of sinaasappellikeur (optioneel)

Doe de stengels en de rabarber in een diepe kom met water. Dek af
met vershoudfolie (huishoudfolie) en snijd twee keer door zodat de
stoom kan ontsnappen. Kook gedurende 6 minuten en draai de pan één
keer. Ontdekking. Voeg de suiker toe en roer tot deze oplost. Roer het
resterende fruit erdoor. Als het koud is, dek het af en laat het goed
afkoelen. Voeg cassis of likeur toe, indien gebruikt, vlak voor het
serveren.

Compote van dadels en bananen uit het Midden-Oosten

Dienst 6

Verse dadels, meestal uit Israël, zijn in de winter direct verkrijgbaar.

450 g verse dadels

450 g bananen

½ citroensap

½ sinaasappelsap

45 ml / 3 eetlepels sinaasappel- of abrikozenbrandewijn

15 ml / 1 eetlepel rozenwater

30ml / 2 st. van demerarasuiker

Biscuitgebak, om te serveren

Schil de dadels en snijd ze doormidden om de pit te verwijderen. Plaats in een serveerschaal van 1,75 liter / 3 pt / 7½ kopje. Schil de bananen en snij ze recht. Voeg alle andere ingrediënten toe en roer voorzichtig om te combineren. Dek af met vershoudfolie (huishoudfolie) en snijd twee keer door zodat de stoom kan ontsnappen. Kook gedurende 6 minuten en draai de pan tweemaal. Eet warm met biscuitgebak.

Gemengde gedroogde fruitsalade

Dienst 4

225 g gemengd gedroogd fruit zoals appelringen, abrikozen, perziken, peren, pruimen

300 ml/½ pt/1¼ kopje kokend water

50 g kristalsuiker

10 ml / 2 theelepels. fijn geraspte citroenschil

Dikke yoghurt, om te serveren

Was het fruit grondig en doe het in een kom van 1,25 liter/2¼ pt/5½ kopje. Meng water en suiker erdoor. Dek af met een bord en laat 4 uur trekken. Doe het in de magnetron en kook op vol vuur gedurende ongeveer 20 minuten, tot het fruit zacht is. Roer de citroenschil erdoor en serveer warm met dikke yoghurt.

Elegante appel- en bramenpudding

Dienst 6

Een beetje gesmolten boter

275 g zelfrijzend bakmeel

150 g boter of margarine op kamertemperatuur

Bestrijk een ronde soufflévorm van 1,25 liter/2¼ pt/5½ kopje met gesmolten boter. Zeef de bloem in een kom en wrijf de boter of margarine er lichtjes door. Voeg de suiker toe en meng met de eieren, de fruitvulling en de melk tot een gladde massa, meng zonder te kloppen. Verdeel gelijkmatig over de voorbereide schaal. Kook onafgedekt gedurende de volledige 9 minuten, waarbij u de pan drie keer draait. Laat 5 minuten rusten. Verander in een warm gerecht. Plaats op borden om te serveren met room of kaas.

Citroenbramenpudding

Dienst 4

225 g zelfrijzend bakmeel (zelfrijzend).

125 g / 4 oz / ½ kopje boter of margarine

100 g / 3½ oz / ongeveer ½ kopje zachte, donkerbruine suiker

2 losgeklopte eieren

60 ml / 4 eetlepels koude melk

Serveer met room, ijs of citroensorbet

Vet een diepe ovenschaal met een diameter van 18 cm/7 cm in met gesmolten boter. Meng de bramen met de citroenschil en het sap en zet opzij. Zeef de bloem in een kom. Wrijf de boter en de suiker erdoor. Meng tot een gladde massa met gehakt fruit, eieren en melk. Verdeel gelijkmatig over de voorbereide schaal. Kook onafgedekt 7-8 minuten, totdat de pudding naar boven is gestegen en er geen glimmende plekken meer op het oppervlak zitten. Laat 5 minuten rusten, gedurende welke tijd de pudding iets zal inzakken. Maak de randen los met een mes en leg ze op een voorverwarmd bord. Het wordt warm gegeten met room, ijs of citroensorbet.

Citroen-frambozenpudding

Dienst 4

Bereid het als een citroenbraampudding, maar vervang de bramen door frambozen.

Dienst 8

Voor de pudding:

50 g boter of margarine

50 g / 2 oz / ¼ kopje zachte, lichtbruine suiker

400 g abrikozen uit blik op siroop, uitgelekt en gepureerd

50 g / 2 oz / ½ kopje walnoothelften

Verder:

225 g zelfrijzend bakmeel (zelfrijzend).

125 g / 4 oz / ½ kopje boter of margarine

125 g kristalsuiker

Fijn geraspte schil van 1 sinaasappel

2 eieren

75 ml / 5 eetlepels koude melk

2,5-5 ml/½-1 theelepel amandelessence (extract)

Koffie-ijs, om te serveren

Om de pudding te bereiden, bebotert u de bodem en zijkanten van een diepe bakvorm met een diameter van 25 cm/10 cm. Voeg boter of margarine toe. Ontdooien, onbedekt, gedurende 2 minuten ontdooien. Bestrooi de boter met de bruine suiker, zodat deze bijna de bodem van de schaal bedekt. Verdeel de abrikozenhelften mooi op de suiker, snij de randen doormidden en bestrooi met de notenhelften.

Om de vulling te bereiden, zeef je de bloem in een kom. Rasp de boter of margarine fijn. Voeg de suiker en de sinaasappelschil toe en meng. Klop de overige ingrediënten goed door elkaar en spatel de droge ingrediënten er met een vork door tot een gladde massa. Verdeel gelijkmatig over fruit en noten. Kook onafgedekt gedurende een volle 10 minuten. Laat 5 minuten rusten en keer het dan voorzichtig om op een plat bord. Verwarm de gereserveerde siroop gedurende maximaal 25 seconden. Serveer de pudding met koffie-ijs en hete siroop.

Banaan Foster

Dienst 4

Afkomstig uit New Orleans en vernoemd naar Dick Foster, verantwoordelijk voor het opruimen van het moreel van de stad in de jaren vijftig. Of zo gaat het verhaal.

25 g / 1 oz / 2 eetlepels boter of zonnebloemmargarine

Doe de boter in een diepe kom met een diameter van 23 cm. Smelt tijdens het ontdooien gedurende 1 1/2 minuut. Schil de bananen, snijd ze doormidden en snijd vervolgens elke helft doormidden. Doe het mengsel in een kom en bestrooi met suiker, kaneel en sinaasappelschil. Dek af met vershoudfolie (huishoudfolie) en snijd twee keer door zodat de stoom kan ontsnappen. Kook gedurende een volledige 3 minuten. Laat 1 minuut rusten. Verwarm de rum op het vuur tot hij heet is. Steek de rum aan met een lucifer en giet deze over de onbedekte bananen. Geserveerd met rijk vanille-ijs.

Mississippi-kruidencake

Dienst 8

Voor de platte behuizing (poortschaal):

225 g kant-en-klaar zanddeeg (basistaartdeeg)

1 eidooier

Voor de vulling:

450 g zoete aardappelen met geel vruchtvlees, roze schil, geschild en

in plakjes gesneden

60 ml / 4 eetlepels kokend water

75 g kristalsuiker

10 ml / 2 theelepels. Gemalen piment

3 grote eieren

150 ml/¼ pt/2/3 kop koude melk

30ml / 2 st. gesmolten boter

Serveer met slagroom of vanille-ijs

Om de scones te maken, rolt u het deeg dun uit en bekleedt u hiermee een licht beboterde, gecanneleerde bakvorm van 23 cm/9 cm. Prik goed met een vork, vooral waar de zijkanten de basis raken. Kook onafgedekt gedurende 6 minuten, waarbij u de pan drie keer draait. Wanneer de ribben verschijnen, druk dan zachtjes aan met de vingers beschermd door ovenhandschoenen. Bestrijk alles met eigeel om de gaatjes af te dichten. Kook onafgedekt nog 1 minuut op vol vuur. Aan de kant leggen.

Om de vulling te bereiden, plaatst u de aardappelen in een schaal van 1 liter/1¾ pt/4¼ kop. Voeg kokend water toe. Dek af met vershoudfolie (huishoudfolie) en snijd twee keer door zodat de stoom kan ontsnappen. Kook gedurende 10 minuten en draai de pan tweemaal. Laat 5 minuten rusten. Beslist. Doe het in een keukenmachine of blender en voeg de rest van de ingrediënten toe. Mixen tot een gladde substantie. Verdeel gelijkmatig over het gebakken deeg. Kook onafgedekt na het ontdooien gedurende 20 tot 25 minuten tot de vulling stevig is, waarbij u de schaal vier keer draait. Van koud tot grappig. Snijd in porties en serveer met zachte slagroom of vanille-ijs.

Jamaicaanse pudding

Serveert 4-5

225 g zelfrijzend bakmeel (zelfrijzend).
125 g / 4 oz / ½ kopje wit bakvet (bakvet) en margarinemengsel
125 g kristalsuiker

2 grote eieren, losgeklopt

50 g gesneden ananas uit blik met siroop

15 ml / 1 eetlepel koffie en cichorei-essence (extract) of koffielikeur

Geklopte room, om te serveren

Beboter een soufflévorm van 1,75 liter/3 pt/7½ kop. Zeef de bloem in een kom en wrijf er voorzichtig het vet door. Meng de suiker. Meng met een vork tot het zacht is met eieren, ananas met siroop en koffie-essence of likeur. Verdeel gelijkmatig over een bord. Kook onafgedekt gedurende 6 minuten, waarbij u de pan één keer draait. Breng over naar een serveerschaal en laat 5 minuten rusten. Laten we teruggaan naar de magnetron. Kook nog eens 1-1½ minuut op volledig kookpunt. Geserveerd met clotted cream.

Pompoentaart

Dienst 8

Eet elke laatste donderdag van november in Noord-Amerika om Thanksgiving te vieren.

Voor de platte behuizing (poortschaal):

225 g kant-en-klaar zanddeeg (basistaartdeeg)

1 eidooier

Voor de vulling:

½ kleine pompoen of 1,75 kg / 4 lb geserveerd met zaden

30 ml / 2 eetlepels zwarte siroop (stroop)

175 g / 6 oz / ¾ kopje zachte, lichtbruine suiker

15 ml / 1 eetlepel maïs (maïszetmeel)

10 ml / 2 theelepels. Gemalen piment

150 ml/¼ pt/2/3 kopje room (zwaar).

3 losgeklopte eieren

Slagroom, om te serveren

Om de scones te maken, rolt u het deeg dun uit en bekleedt u hiermee een licht beboterde, gecanneleerde bakvorm van 23 cm/9 cm. Prik goed met een vork, vooral waar de zijkanten de basis raken. Kook onafgedekt gedurende 6 minuten, waarbij u de pan drie keer draait. Wanneer de ribben verschijnen, druk dan zachtjes aan met de vingers beschermd door ovenhandschoenen. Bestrijk alles met eigeel om de gaatjes af te dichten. Kook onafgedekt nog 1 minuut op vol vuur. Aan de kant leggen.

Om de vulling te bereiden, plaats je de pompoen op een bord. Kook onafgedekt gedurende 15 tot 18 minuten tot het vlees zeer mals is. Haal het met een lepel van het vel en laat afkoelen tot het afgekoeld is. Meng tot een gladde massa met de rest van de ingrediënten. Giet het mengsel in de spuitzak die nog in de container zit. Kook onafgedekt op vol vuur gedurende 20-30 minuten, tot de vulling stevig is, en draai de pan vier keer. Serveer warm met slagroom. Als je wilt, gebruik dan 425 g/15 oz/2 kopjes pompoen uit blik in plaats van verse.

Haversirooptaart

Serveert 6-8

Een moderne versie van een taartcake.

Voor de platte behuizing (poortschaal):
225 g kant-en-klaar zanddeeg (basistaartdeeg)
1 eidooier

Voor de vulling:
125 g / 4 oz / 2 kopjes geroosterde granola met fruit en noten
75 ml / 5 eetlepels. gouden siroop (lichte maïs).
15 ml / 1 eetlepel zwarte siroop (stroop)
Slagroom, om te serveren

Om de scones te maken, rolt u het deeg dun uit en bekleedt u hiermee een licht beboterde, gecanneleerde bakvorm van 23 cm/9 cm. Prik goed met een vork, vooral waar de zijkanten de basis raken. Kook onafgedekt gedurende 6 minuten, waarbij u de pan drie keer draait. Wanneer de ribben verschijnen, druk dan zachtjes aan met de vingers beschermd door ovenhandschoenen. Bestrijk alles met eigeel om de gaatjes af te dichten. Kook onafgedekt nog 1 minuut op vol vuur. Aan de kant leggen.

Om de vulling te maken, meng je de granola, de siroop en de siroop en giet je het in de ovenschaal. Kook onafgedekt gedurende een volledige 3 minuten. Laat 2 minuten rusten. Kook onafgedekt nog 1 minuut op vol vuur. Serveer met room.

Kokoscake flan

Serveert 8-10

Voor de platte behuizing (poortschaal):

225 g kant-en-klaar zanddeeg (basistaartdeeg)

1 eidooier

Voor de vulling:

175 g zelfrijzend bakmeel (zelfrijzend).

75 g / 3 oz / 1/3 kop boter of margarine

75 g kristalsuiker

75 ml / 5 eetlepels. gedroogde (geraspte) kokosnoot.

2 eieren

5 ml / 1 theelepel vanille-essence (extract)

60 ml / 4 eetlepels koude melk

30 ml / 2 eetlepels aardbeien- of zwarte bessenjam (uit blik)

Voor het glazuur (glazuur):

225 g / 8 ounces / 11/3 kopjes banketbakkerssuiker, gezeefd

Oranje bloemenwater

Om de scones te maken, rolt u het deeg dun uit en bekleedt u hiermee een licht beboterde, gecanneleerde bakvorm van 23 cm/9 cm. Prik goed met een vork, vooral waar de zijkanten de basis raken. Kook onafgedekt gedurende 6 minuten, waarbij u de pan drie keer draait. Wanneer de ribben verschijnen, druk dan zachtjes aan met de vingers beschermd door ovenhandschoenen. Bestrijk alles met eigeel om de gaatjes af te dichten. Kook onafgedekt nog 1 minuut op vol vuur. Aan de kant leggen.

Om de kokosvulling te bereiden, zeef je de bloem in een kom. Geraspte boter of margarine. Giet de suiker en de kokosnoot erbij en meng de eieren, vanille en melk tot je een zacht deeg krijgt. Verdeel de jam over de pot met beslag die zich nog in de container bevindt. Gelijkmatig verdelen met kokosmengsel. Kook onafgedekt gedurende 6 minuten en draai de pan vier keer. Het gerecht is klaar als de bovenkant er droog uitziet en er geen plakkerige plekken meer zijn. Laat volledig afkoelen.

Om het glazuur te maken, meng je de suiker van de banketbakker met voldoende oranjebloesemwater tot een dik glazuur; een paar theelepels zouden voldoende moeten zijn. Verdeel over de bovenkant van de fles. Laat uitharden voordat u gaat snijden.

Een eenvoudige Bakewell-cake

Serveert 8-10

Bereid je zoals kokossponsvlaai, maar gebruik frambozenjam (uit blik) en vervang de kokosnoot door gehakte amandelen.

Taart snijden

Serveert 8-10

Voor de platte behuizing (poortschaal):

225 g kant-en-klaar zanddeeg (basistaartdeeg)

1 eidooier

Voor de vulling:

350 g / 12 oz / 1 kopje gehakt

Om noten te kraken:

50 g / 2 oz / ¼ kopje boter

125 g zelfrijzend bakmeel (zelfrijzend), gezeefd

50 g / 2 oz / ¼ kopje demerarasuiker

5 ml / 1 theelepel gemalen kaneel

60 ml / 4 eetlepels. fijngehakte walnoten

Serveren:

Slagroom, kaas of ijs

Om de scones te maken, rolt u het deeg dun uit en bekleedt u hiermee een licht beboterde, gecanneleerde bakvorm van 23 cm/9 cm. Prik goed met een vork, vooral waar de zijkanten de basis raken. Kook onafgedekt gedurende 6 minuten, waarbij u de pan drie keer draait. Wanneer de ribben verschijnen, druk dan zachtjes aan met de vingers beschermd door ovenhandschoenen. Bestrijk alles met eigeel om de gaatjes af te dichten. Kook onafgedekt nog 1 minuut op vol vuur. Aan de kant leggen.

Om de vulling te maken, giet je het gehakt gelijkmatig in de ovenschaal.

Om de noten fijn te maken, meng je de boter en de bloem en meng je de suiker, kaneel en noten erdoor. Druk het vlees in een gelijkmatige laag aan. Laat het onafgedekt staan en kook op vol vuur gedurende 4 minuten, waarbij u de pan twee keer draait. Laat 5 minuten rusten. Snijd in punten en serveer warm met slagroom, kaas of ijs.

Brood en boter pudding

Dienst 4

De favoriete pudding van Groot-Brittannië.

4 grote sneetjes witbrood

50 g / 2 oz / ¼ kopje boter op kamertemperatuur of zachte boter voor

verspreiding

50 g krenten

50 g kristalsuiker

600 ml / 1 pt / 2½ kopjes koude melk

3 eieren

30ml / 2 st. van demerarasuiker

Geraspte nootmuskaat

Laat de korst op het brood zitten. Bestrijk elk plakje met boter en snijd het in vier vierkanten. Beboter een vierkante of ovale schaal van 1,75 liter / 3 pt / 7½ kopje diep. Plaats de helft van het broodvierkant op de bodem, met de boterkant naar boven. Bestrooi met krenten en poedersuiker. Bedek met het resterende brood, altijd met de boter erop. Giet de melk in een kopje of kom. Warm, onbedekt, gedurende maximaal 3 minuten. Klop de eieren goed los. Giet langzaam en voorzichtig over het brood. Bestrooi met demerarasuiker en nootmuskaat. Laat 30 minuten rusten, losjes afgedekt met een stukje vetvrij papier. Kook onafgedekt gedurende 30 minuten om te ontdooien. Maak de bovenkant knapperig onder een hete grill (grill) voordat u hem serveert.

Citroenbrood en boterpudding

Dienst 4

Bereid op dezelfde manier als brood- en boterpudding, maar smeer in plaats van boter citroenwrongel op het brood.

Gebakken eieren

Dienst 4

Perfect om alleen te consumeren, met elke combinatie van fruitsalades of zomerfruitcocktails.

300 ml/½ pt/1¼ kopje natuurlijke room (light) of volle melk

3 eieren

1 eidooier

100 g / 3½ oz / ½ klein kopje uiensuiker

5 ml / 1 theelepel vanille-essence (extract)

2,5 ml/½ theelepel geraspte nootmuskaat

Beboter een schaal van 1 liter / 1¾ pt / 4¼ kopje voorzichtig met boter. Giet de room of melk in een kopje. Verwarm onafgedekt op vol vuur gedurende 1 1/2 minuut. Klop alle andere ingrediënten erdoor behalve nootmuskaat. Giet in een kom. Plaats in een tweede container van 2 kwart gallon/3½ pt/8½ kopje. Giet kokend water in de grotere container totdat het het niveau van de kaas in de kleinere container bereikt. Bestrooi de bovenkant van de nootmuskaat met nootmuskaat. Kook onafgedekt gedurende 6 tot 8 minuten, totdat de custard net is uitgehard. Haal het uit de magnetron en laat 7 minuten rusten. Til de kom met custard uit de grotere kom en ga door tot het midden hard wordt. Serveer warm of koud.

Griesmeelpudding

Dienst 4

Kindervoedsel, maar nog steeds populair bij iedereen.

50 g griesmeel (tarwecrème)
50 g kristalsuiker
600 ml / 1 pt / 2½ kopjes melk
10 ml / 2 theelepels boter of margarine

Doe het griesmeel in een kom. Meng de suiker en de melk. Kook, onafgedekt, op vol vuur gedurende 7 tot 8 minuten, roer elke minuut voorzichtig, tot het gaar en ingedikt is. Meng de boter of margarine erdoor. Breng over naar serveerschalen om te eten.

Gemalen rijstpudding

Dienst 4

Bereid op dezelfde manier als griesmeelpudding, maar vervang de gemalen rijst door griesmeel (tarwecrème).

Dienst 4

45 ml / 3 st. gouden siroop (lichte maïs).

125 g / 4 oz / 1 kopje zelfrijzend bakmeel (zelfrijzend).

50 g / 2 oz / ½ kopje gehakt niervet (vegetarisch indien gewenst)

50 g kristalsuiker

1 ei

5 ml / 1 theelepel vanille-essence (extract)

90 ml / 6 eetlepels koude melk

Vet een puddingvorm van 1,25 liter/2¼ pt/5½ kopje grondig in. Giet de siroop totdat deze de bodem bedekt. Zeef de bloem in een kom en voeg de bloem en de suiker toe. Klop het ei, de vanille-essence en de melk goed los en meng de droge ingrediënten er met een vork door. Lepel in het zwembad. Kook, onafgedekt, op vol vuur gedurende 4 tot 4 1/2 minuut, totdat de pudding is gestegen en de bovenkant van de kom bereikt. Laat 2 minuten rusten. Snijd en giet op vier borden. Serveer met een zoete dessertsaus.

Jam of honingpudding

Dienst 4

Bereid op dezelfde manier als een gestoomde niervetsirooppudding, maar vervang de siroop door jam of honing.

Gemberpudding

Dienst 4

Bereid je voor zoals voor gestoomde niervetpudding, maar zeef 10
ml/2 theelepel gemalen gember door de bloem.

Biscuitgebak met jam

Dienst 4

45 ml / 3 eetlepels frambozenjam (uit blik)
175 g zelfrijzend bakmeel (zelfrijzend).
75 g / 3 oz / 1/3 kop boter of margarine
75 g kristalsuiker
2 eieren
45 ml / 3 eetlepels koude melk
5 ml / 1 theelepel vanille-essence (extract)
Serveer met slagroom of kaas

Giet de jam in een goed ingevette puddingkom van 1,5 liter/2½ pt/6
kopjes. Zeef de bloem in een kom. Rasp de boter of margarine fijn en
voeg de suiker toe. Klop de eieren, de melk en de vanille-essence goed
los en spatel de droge ingrediënten er met een vork door. Lepel in het
zwembad. Kook op hoog vuur gedurende 7-8 minuten totdat de
pudding naar de bovenkant van de kom is gestegen. Laat 3 minuten
rusten. Snij de porties uit en verdeel ze over vier borden. Serveer met
room of kaas.

Dienst 4

Bereid op dezelfde manier als de biscuit met jam, maar vervang de jam door lemon curd (uit blik) en voeg de fijn geraspte schil van 1 kleine citroen toe aan de droge ingrediënten.

Dienst 4

Het is weer in de mode na een lange periode in de schaduw.

8 traditionele pannenkoeken, elk ongeveer 20 cm in diameter

45 ml / 3 eetlepels boter

30ml / 2 st. poedersuiker

5 ml / 1 theelepel geraspte sinaasappelschil

5 ml / 1 theelepel geraspte citroenschil

Sap van 2 grote sinaasappelen

30ml / 2 st. Grote Marnier

30 ml / 2 eetlepels cognac

Vouw elke pannenkoek in vieren, zodat het op een envelop lijkt. Aan de kant leggen. Plaats de boter op een gebakbord met een diameter van 25 cm/10 cm. Smelt zonder deksel gedurende 1½-2 minuten. Voeg alle andere ingrediënten toe, behalve de cognac, en meng goed. Breng op volledig vuur gedurende 2-2½ minuten. Mengen. Voeg de pannenkoeken in een enkele laag toe en besprenkel met botersaus. Kook onafgedekt gedurende 3-4 minuten. Haal uit de magnetron. Giet de cognac in de mok en verwarm gedurende 15-20 seconden op de hoogste stand tot hij afgekoeld is. Doe het in een kopje en steek het aan met een lucifer. Giet over de pannenkoeken en serveer wanneer de vlammen uitgaan.

Voor 1 appel: Maak met een scherp mes een lijn rond een grote bakappel (taart) op ongeveer een derde van de hoogte. Verwijder het klokhuis met een aardappelschiller of appelschiller en zorg ervoor dat u de onderkant van de appel niet afsnijdt. Gevuld met suiker, gedroogd fruit, jam (conserven) of lemon curd. Doe de appel in een kom en kook onafgedekt 3-4 minuten, waarbij u de kom twee keer draait, totdat de appel is gerezen als een soufflé. Laat 2 minuten rusten voordat u gaat eten.

Voor 2 appels:zoals voor 1 appel, maar leg de appels naast elkaar op het bord en kook op hoog vuur gedurende 5 minuten.

Voor 3 appels:zoals voor 1 appel, maar in een driehoek op het bord gelegd en op hoog vuur gedurende 7 minuten koken.

Voor 4 appels:zoals voor 1 appel, maar in een vierkant geplaatst en op hoog vuur gedurende 8-10 minuten gekookt.

Walnoot Chocoladestukjes

Gedaan op de 24e

*Prachtige kerstcadeaus, maar ook een geweldige koffiesnack na het
eten.*

400 g pure chocolade (halfzoet) (70% cacao)
175 g grof gehakte walnoten, licht geroosterd

Breek de chocolade en doe deze in een kom. Ontdooi onafgedekt op
Ontdooien gedurende ongeveer 5 minuten, wacht nog eens 30
seconden wanneer u het uit de vriezer haalt. Roer twee keer en roer
dan de noten erdoor. Laat 24 theelepels mengsel op bakplaten vallen
die zijn bekleed met vetvrij papier. Van verkoelend tot verstevigend.
Verwijder het papier voorzichtig en bewaar het in een luchtdichte pot
in de koelkast gedurende maximaal drie weken.

Oranje nootdruppels

Gedaan op de 24e

Bereid zoals bij de walnootchocoladestukjes, maar voeg 10 ml / 2
theelepels toe. geraspte sinaasappelschil met chocolade en noten.

Chocoladeschilfers Met Gemengde Noten

Gedaan op de 24e

115

Bereid de walnootchocoladestukjes op dezelfde manier, maar vervang de individuele gehakte walnoten door licht geroosterde gehakte walnoten.

Walnootdesserts

Gewicht 450 g / 1 pond

350 g/12 oz/1½ kopje lichte, zachte bruine suiker
150 ml/¼ pt/2/3 kopje melk
50 g / 2 oz / ¼ kopje gouden siroop (lichte maïs).
30 ml / 2 eetlepels boter
5 ml / 1 theelepel vanille
50 g walnoten, grof gehakt

Beboter een platte ronde, vierkante of ovale ovenschaal van 1 liter / 1¾ pt / 4½ kopje voorzichtig. Doe alle ingrediënten, behalve noten, in een container van 1,75 liter / 3 pt / 7½ cup. Kook onafgedekt gedurende 14 minuten, roer vier of vijf keer met een houten lepel. Haal het uit de magnetron en plaats het in een gootsteen met voldoende koud water tot halverwege de schaal. Laat het 8 minuten staan, verwijder dan de bodem en zijkanten en maak ze schoon. Voeg de noten toe en klop de karamel een paar minuten krachtig tot deze lichter begint te worden. (Het is hard werken!) Verdeel het over de voorbereide schaal en laat opstijven. Haal het uit de container door het met een mes op te tillen en breek de snoepjes in stukjes. Bewaar in een luchtdichte pot of pot.

Noten en honingsnoepjes

Gewicht 450 g / 1 pond

Bereid op dezelfde manier als notenbonen, maar vervang de siroop
door lichte honing.

Amandel- en honingsnoepjes met sinaasappel

Gewicht 450 g / 1 pond

Was 50 g amandelen en hun bruine schil. Rooster zoals op pagina 205.
Bereid de walnootpasta, maar vervang de siroop door honing en voeg
5 ml/1 theelepel fijn geraspte sinaasappelschil toe aan de rest van de
ingrediënten. Voeg de amandelen toe voordat je gaat kloppen.

Chocolade snoepjes

Gewicht 900 g

Een kruising tussen fudge en knapperige toffee, het is vrij stevig maar gemakkelijk genoeg om met een scherp mes te snijden. Alleen voor de meest hebzuchtige!

450 g pure chocolade (halfzoet).
50 g boter
45 ml / 3 st. dubbele room (zwaar).
5 ml / 1 theelepel vanille-essence (extract)
450 g gezeefde poedersuiker (pasta).

Breek de chocolade en doe deze samen met de boter in een kom. Ontdek, onbedekt gedurende 5½-7 minuten. Meng de room en de vanille-essence. Voeg het met een houten lepel langzaam toe aan de poedersuiker. (Dit kost tijd en moeite.) Als zich grote kruimels vormen, druk deze dan met de vingers gelijkmatig in een platte rechthoekige schaal van 25 x 18 cm/10 x 7 cm met boter. Maak de bovenkant glad met een mes dat je in en uit heet water hebt gedompeld. Pons diep in ongeveer 70 stukken en laat uitharden voordat u gaat snijden. Op een koude plaats bewaren.

Mokka Choc-a-Bloc snoep

Gewicht 900 g

Bereid je voor zoals bij Choc-a-Bloc-snoepjes, maar voeg 20 ml/4
theelepels toe aan de chocolade en boter voordat je het smelt.
Oploskoffie in poeder of korrels.

Versierde Choc-a-Bloc-snoepjes

Gewicht 900 g

Maak het als een chocolaatje, maar snij hem in stukjes terwijl hij nog
in de pan zit en knijp in elk stukje een geroosterde hazelnoot.

Maakt 350 g/12 oz

Snel en veilig.

50 g / 2 oz / ¼ kopje boter

50 g / 2 oz / ¼ kopje zachte, lichtbruine suiker

30 ml / 2 eetlepels melk

100 g marshmallows

100 g poedersuiker (voor banketbakkers), gezeefd

50 g geconserveerde gember, fijngehakt

Doe de boter met de suiker en de melk in een kom van 1,75 liter. Laat het na het ontdooien gedurende 4 minuten onafgedekt smelten, tweemaal roeren. Laat nog 4 minuten op volledig kookpunt koken, terwijl u tweemaal roert. Roer de marshmallows erdoor en kook, onafgedekt, gedurende 30 seconden. Roer en kook nog eens 30 seconden. Roer de poedersuiker erdoor met een houten lepel. Roer snel en voeg dan de gember toe. Verdeel het mengsel over een beboterde schaal van 1 liter. Eenmaal afgekoeld, dek af en zet het 2-3 uur in de koelkast tot het stevig is. Snijd in stukken en bewaar in een luchtdichte verpakking.

Marshmallow Rozijn Fudge

Maakt 350 g/12 oz

Bereid als gemberfudge met marshmallows, maar vervang 50 gram rozijnen door gehakte gember.

Marshmallow-notenfudge

Maakt 350 g/12 oz

Bereid als gemberfudge met marshmallows, maar voeg 50 g gehakte walnoten toe.

Chocolade truffels

Maak er 15 van

100 g pure chocolade (halfzoet).
50 g / 2 oz / ¼ kopje boter
50 g banketbakkerssuiker, gezeefd
30ml / 2 st. gesneden amandelen
5 ml / 1 theelepel vanille-essence (extract)
Cacaopoeder (ongezoete chocolade).

Breek de chocolade en doe deze samen met de boter in een kom. Ontdek, onbedekt, ontdooi gedurende 5 tot 5 1/2 minuut. Meng de poedersuiker met een houten lepel en roer vervolgens de amandelen en vanille erdoor. Giet het mengsel in een ondiepe schaal, dek af en zet in de koelkast tot het stevig maar niet hard is. Rol er 15 balletjes van, bestrooi ze met cacaopoeder en plaats ze in papieren snoepdozen (snoepbekers).

Maak er 15 van

Bereid je voor zoals chocoladetruffels, maar voeg 15 ml/1 eetlepel oploskoffiepoeder of -korrels toe aan de chocolade en boter voordat je deze laat smelten. Gooi de vanille-essence (extract) weg.

Sherry- of rumtruffels

Maak er 15 van

Bereid zoals chocoladetruffels, maar de vanille-essence (extract) wordt vervangen door sherry of rum met 5 ml / 1 theelepel.

Oranje truffels

Maak er 15 van

Bereid als chocoladetruffels, maar voeg 5 ml/1 theelepel toe aan de chocolade en boter voordat je ze smelt. fijn geraspte sinaasappelschil. Gooi de vanille-essence (extract) weg.

Maak er 12 van

100 g pure chocolade (halfzoet).

50 g / 2 oz / ½ kopje gewone spijsverteringscracker (graham cracker) krab

6 geglazuurde (gekonfijte) kersen in verschillende kleuren, in tweeën gesneden

Breek de chocolade in een kom. Ontdek, onbedekt gedurende 3-3½ minuten. Meng de koekjeskruimels en plaats ze gelijkmatig in 12 papieren snoepdozen. Leg op elk een halve kers en laat minimaal een uur in de koelkast rusten.

Pepermunt fudge

Opbrengst 550 g/1¼lb

50 g / 2 oz / ¼ kopje ongezouten boter (zoet).

30 ml / 2 eetlepels melk

5 ml / 1 theelepel pepermuntessence (extract)

450 g poedersuiker (voor banketbakkers), gezeefd, plus extra om te bestuiven

Giet de boter, melk en pepermuntessence in een kom van 1,75 liter/3 pt/7½ kop. Warmte gedetecteerd tijdens ontdooiing gedurende 3 minuten. Spatel de afgemeten poedersuiker erdoor. Kneed tot een glad deeg en leg het vervolgens op een met poedersuiker bestrooid oppervlak. Vrij dun verspreid. Snijd in 30 schijven met een snijder van 2,5 cm/1". Laat het 2-3 uur drogen en doe de papieren snoepjes vervolgens in dozen (snoepbekers).

Munt chocolade fondant

Opbrengst 550 g/1¼lb

Bereid je voor zoals je zou doen voor pepermuntfondants, maar nadat de fondants zijn opgedroogd, bestrijk ze met gesmolten melk of gewone (halfzoete) chocolade en laat ze uitharden voordat je ze in de mallen plaatst.

Koffie fondant

Opbrengst 550 g/1¼lb

Bereid je voor zoals voor de muntfudge, maar vervang de munt door 20 ml/4 theelepels. Oploskoffie in poeder of korrels. Garneer elk met een stukje walnoot of pecannoot.

Roze fondant

Opbrengst 550 g/1¼lb

Bereid je voor zoals voor pepermuntfudge, maar vervang pepermuntessence door 5 ml/1 theelepel. rozenessentie (extract). Garneer elk met een gekristalliseerd (gekonfijt) rozenblaadje.

124

Fruitfondant

Opbrengst 550 g/1¼lb

Bereid je voor zoals bij muntfondants, maar vervang de muntessence door een ander fruitessence (extract), zoals citroen of sinaasappel.

Gedroogde abrikozenjam

Opbrengst 900 g/2 lb/22/3 kopjes

Delicaat aroma, geurige jam die vaak wordt gebruikt in de haute cuisine.

225 g gedroogde abrikozen, in vieren
600 ml / 1 pt / 2½ kopjes koud water
900 g / 2 lbs / 4 kopjes kristalsuiker of ingeblikte suiker
Sap van 1 grote citroen, gefilterd

De abrikozen worden een nacht in water geweekt. Giet af en doe het in een kom van 2,5 liter/4½ pt/11 kop met het afgemeten water. Kook onafgedekt gedurende 15-20 minuten tot het fruit heel zacht is. Voeg de suiker en het citroensap toe. Zet het terug in de magnetron en kook, onafgedekt, op vol vuur gedurende 5 tot 6 minuten, drie keer roerend met een houten lepel, tot de suiker is opgelost. Ga onafgedekt door gedurende 20-30 minuten totdat het instelpunt is bereikt. Laat afkoelen tot het lauw is, doe het dan in de pannen, dek af en etiketteer.

Abrikozenjam met amandelen

Opbrengst 900 g/2 lb/22/3 kopjes

Bereid op dezelfde manier als gedroogde abrikozenjam, maar dan 45-60 ml / 3-4 eetlepels. geblancheerde amandelen doormidden met citroensap.

Abrikozenjam met sinaasappel

Opbrengst 900 g/2 lb/22/3 kopjes

Bereid op dezelfde manier als de gedroogde abrikozenjam, maar voeg de fijn geraspte schil van 1 kleine sinaasappel toe met de suiker.

Abrikozenjam met whisky

Opbrengst 900 g/2 lb/22/3 kopjes

Bereid zoals bij gedroogde abrikozenjam, maar meng 15-30 ml / 1-2 eetlepels whisky door de gekookte maar nog warme jam.

Multifruitjam

Maakt 1,5 kg/3 lbs/4 kopjes

Een uitstekende jam die in de magnetron een grote eer doet. Het is heel belangrijk om de jam bijna af te laten koelen voordat je hem in de pot doet, zodat er geen velletje in de pot ontstaat.

1 grapefruit

1 sinaasappel

1 citroen

450 ml/¾ pt/2 kopjes kokend water

1 kg / 2¼ pond / 4½ kopjes kristalsuiker of ingeblikte suiker

Schil het fruit dun en snijd de schil naar wens in dunne, middelgrote of dikke plakjes. Snijd elke vrucht doormidden en pers het sap uit, maar bewaar alle pitjes en het witte gedeelte. Giet het sap in een kom van 2,5 liter. Doe de stenen en korrels in een stuk katoenen doek, knoop het stevig vast en doe ze in de sapbeker. Voeg 300 ml/½ pt/1¼ kopje kokend water toe, dek af en laat 1 uur staan. Giet de rest van het water erbij, dek de kom af met huishoudfolie (huishoudfolie) en draai hem twee keer om zodat de stoom kan ontsnappen. Kook op vol vuur gedurende 20-30 minuten (de tijd is afhankelijk van de dikte van de fruitschil). Ontdek en verwerk de suiker. Kook onafgedekt gedurende 8 minuten, minstens vier keer roeren, tot de suiker is opgelost. Zet het terug in de magnetron en laat het nog eens 30-35 minuten onafgedekt koken, terwijl je elke 7-10 minuten roert met een houten lepel tot het ingestelde punt is bereikt. Proef het schuim. Laat afkoelen tot kamertemperatuur, verwijder vervolgens de steen en de stenen zak en plaats deze in verwarmde potten. Vul elke pot met een wasschijf. Dek af en etiketteer als het koud is.

Whisky jam

Maakt 1,5 kg/3 lbs/4 kopjes

Bereid je voor zoals bij multi-fruitjam, maar roer er 30 ml/2 eetlepels whisky door zodra de jam hard is geworden.

Rijpe jam

Maakt 1,5 kg/3 lbs/4 kopjes

Bereid op dezelfde manier als meervruchtenjam door de schil in dikke plakjes te snijden. Voeg 30 ml/2 eetlepels zwarte siroop (stroop) toe met de suiker.

128

Citroenpudding

Opbrengst 450 g/1 lb/11/3 kopjes

*Een zeer frisse, zeer citrusachtige en extreem boterachtige traditionele
conserven. Het moet in de koelkast worden bewaard, omdat het snel
bederft.*

125 g / 4 oz / ½ kopje boter

3 eieren

1 eidooier

225 g kristalsuiker

Fijn geraspte schil en sap van 3 citroenen

Doe de boter in een kom van 1,25 liter (2¼ pt/5½ kopje) en verwarm
zonder deksel gedurende 4 minuten. Klop de overige ingrediënten los
en voeg de boter toe. Kook, onafgedekt, gedurende een volle 5
minuten, waarbij u elke minuut roert met een houten lepel. Als de
wrongel een beetje dun lijkt, kook dan nog eens 30 tot 60 seconden.
Haal de pompoen uit de magnetron als hij dik is en bedek de
achterkant van een lepel met een gladde, gelijkmatige laag. Laat 2
minuten rusten. Giet het mengsel in twee kleine flesjes en dek af als
jam.

Oranje kaas

Opbrengst 450 g/1 lb/1 1/3 kopjes

Het wordt bereid als citroenwrongel, maar vervangt 2 citroenen door de fijn geraspte schil en het sap van 2 sinaasappels.

Limoenwrongel

Opbrengst 450 g/1 lb/1 1/3 kopjes

Bereid als citroenwrongel, maar vervang 1 citroen door de fijn geraspte schil en het sap van 2 limoenen.

Gemengde uienjam

Serveert 4-6

*Het gebruik van rode uien en rode wijn maakt de jam donkerder en
vermijdt de noodzaak van langzaam koken. Serveer bij stevige vis-,
gevogelte- en vleesgerechten.*

45 ml / 3 eetlepels boter

2 rode uien, heel dun gesneden

4 sjalotten, geschild en in plakjes gesneden

1 witte ui, heel dun gesneden

1 prei, zeer fijn in ringen gesneden

2 teentjes knoflook, fijngehakt

6 ontbijtuien, fijngehakt

45 ml / 3 st. droge rode wijn

2,5 ml / ½ theelepel moutazijn

25 ml / 1½ theelepel donkere, zachte bruine suiker

10 ml / 2 theelepels. gehakte marjolein

5 ml / 1 theelepel zout

Vers gemalen zwarte peper

Doe de boter in een grote kom en smelt terwijl deze ongeveer 1 tot 1½ minuut ontdooit. Rode ui, sjalot, witte ui, puree, knoflook en ui erdoor roeren. Dek af met een bord en kook op hoog vuur gedurende 15-20 minuten, driemaal roerend, tot de uien zacht zijn. Meng alle andere ingrediënten. Dek af zoals voorheen en kook op vol vuur gedurende 3 minuten. Serveer warm of koud.

Appelchutney

Gewicht 900 g

450 g / 1 lb / 4 kopjes bakappels, fijngehakt

1 grote ui, geraspt

15 ml / 1 eetlepel zout

60 ml / 4 eetlepels water

15 ml / 1 st. gemengde marinerende kruiden

1 laurierblad

350 ml / 12 fl oz / lichte 1½ kopjes mout of ciderazijn

225 g / 8 oz / 1 kopje zachte, donkerbruine suiker

1-2 teentjes knoflook, fijngehakt

125 g / 4 oz / 1 kop gehakte dadels

125 g hele rozijnen

15 ml / 1 eetlepel gemalen gember of verse gember ter grootte van een walnoot, geschild en fijngehakt

5 ml / 1 theelepel gemalen kaneel

5 ml / 1 theelepel gemengde specerijen (appeltaart).

1,5-2,5 ml / ¼-½ theelepel cayennepeper (optioneel)

Doe de appels en uien in een kom van 2,5 liter/4½ pt/11 kopjes. Meng zout en water. Dek af met een bord en kook op hoog vuur gedurende 5 minuten. Bind het inmaakkruid en het laurierblad in een stuk doek en voeg het samen met alle andere ingrediënten toe aan het appelmengsel. Kook onafgedekt gedurende 30-40 minuten, roer elke 6-7 minuten, tot de chutney dikker wordt tot de consistentie van (geconserveerde) jam. (Indien nodig kan de chutney nog eens 5 tot 10 minuten worden gekookt totdat deze de gewenste dikte heeft bereikt.) Verwijder het kruidenzakje en gooi het weg. Wanneer het is afgekoeld, dek het af en laat het een nacht in de koelkast staan, zodat de smaken kunnen rijpen. Doe over in potten, dek af en etiketteer als jam.

Appel- en perenchutney

Gewicht 900 g

Bereid zoals appelchutney, maar vervang de helft van de gesneden appel door 225 g grof gesneden peren.

Appelchutney, rode tomaten en abrikozen

Gewicht 900 g

Bereid zoals appelchutney, maar vervang de helft van de gesneden appels door 225 g grof gesneden rode tomaten en grof gesneden abrikozen voor de rozijnen.

Groene tomatenjam

Gewicht 900 g

Bereid op dezelfde manier als appelchutney, maar vervang de appels
door grof gesneden groene tomaten.

Chutney van banaan en groene paprika

Gewicht 900 g

Doe hetzelfde als de appelchutney, maar vervang de appels door
bananen en voeg fijngehakt groen (klokjes) toe met alle andere
ingrediënten.

Donkere pruimenchutney

Gewicht 900 g

Bereid zoals appelchutney, maar vervang de appels door pruimen en
voeg 1 steranijs toe aan het inmaakkruid voor een licht oosterse smaak.

Brood en boter augurken

Gewicht 750 g/1½lb

*Een duidelijke Noord-Amerikaanse smaak, een beetje zoet, met een
onderscheidende persoonlijkheid en een heldere gouden kurkuma-tint.
Het past goed bij vleeswaren en hamburgers, kazen, gevogelte en
gebakken vis, maar het beste bij sandwiches.*

*1 grote komkommer (ongeveer 450 g), ongeschild en in zeer dunne
plakjes gesneden*
2 grote uien, geschild en in zeer dunne plakjes gesneden
175 ml / 6 fl oz / ¾ kopje kleurloze gedistilleerde moutazijn
175 g kristalsuiker
10 ml / 2 theelepels. gemengde marinerende kruiden
10 ml / 2 theelepels zout
1,5 ml / ¼ theelepel mosterdpoeder
1,5 ml / ¼ theelepel kurkuma
4-5 takjes dille (dillekruid)

Doe de plakjes komkommer en ui in een vergiet (maas) en laat ze 30
minuten uitlekken. Giet ondertussen de azijn in een kom van 2 liter/3½
pt/8½ kopje. Meng de suiker, kruiden, zout, mosterd en kurkuma.

Verwarm onafgedekt gedurende 5 minuten, terwijl u tweemaal roert.
Meng komkommer, ui en dille. Verwarm onafgedekt gedurende 3
minuten, terwijl u tweemaal roert. Laat afkoelen tot het is afgekoeld en
giet het dan in een of twee middelgrote jampotten (inblikken). Dek af
als het koud is en zet in de koelkast.

GEVULDE CROISSANTS

De volgende recepten bevatten enkele heerlijke croissantideeën.

Roomkaas en augurken

1 croissantje

30 ml / 2 eetlepels volle room of magere roomkaas

15 ml / 1 eetlepel zoete augurken

1 kleine tomaat, in dunne plakjes gesneden

Snijd de croissant doormidden en verdeel de kaas over de gesneden
kanten. Sandwich met rasola en tomaat. Leg ze op een bord en
verwarm ze, onafgedekt, gedurende 30 tot 35 seconden om te
ontdooien, tot ze warm zijn.

Hammayonaise met salade

1 croissantje

15 ml / 1 eetlepel milde volkorenmosterd

2 dunne plakjes ham

15 ml / 1 eetlepel mayonaise

1 kleine gekookte raap (rode biet)

Snijd de croissant doormidden en smeer de mosterd op de snijkanten.
Sandwich samen met de rest van de ingrediënten. Leg ze op een bord
en verwarm ze, onafgedekt, gedurende 30 tot 35 seconden om te
ontdooien, tot ze warm zijn.

Kalkoen en koolsalade

1 croissantje
boter of margarine
2 plakjes cold turkey van een gebraden vogel of pakje
30ml / 2 st. koolsalade

Snijd de croissant doormidden en besmeer de snijkanten met boter of
margarine. Sandwich samen met de rest van de ingrediënten. Leg ze
op een bord en verwarm ze, onafgedekt, gedurende 35 tot 40 seconden
om te ontdooien, tot ze warm zijn.

Gezouten pindakaas en salade

1 croissantje
Zachte pindakaas
gist extract
Zachte slablaadjes

Snijd de croissant doormidden en smeer de pindakaas op de
snijkanten, gevolgd door het gistextract. Sandwich samen met 2 of 3

blaadjes sla. Leg ze op een bord en laat ze 20-25 seconden ontdooien tot ze warm zijn.

Camembert en rode bessengelei

1 croissantje
boter of margarine
3 plakjes Camembert, zonder de buitenste korst
10-15 ml / 2-3 theelepels rode bessengelei (helder uit blik)

Snijd de croissant doormidden en besmeer de snijkanten met boter of margarine. Een broodje met kaas en een lepel krentengelei. Leg ze op een bord en verwarm ze, onafgedekt, gedurende 30 tot 35 seconden om te ontdooien, tot ze warm zijn.

Cheddar en augurken

1 croissantje
boter of margarine
2-3 dunne plakjes cheddarkaas
15 ml / 1 eetlepel Picalì

Snijd de croissant doormidden en besmeer de snijkanten met boter of margarine. Sandwich met kaas en picali. Leg ze op een bord en verwarm ze, onafgedekt, gedurende 30 tot 35 seconden om te ontdooien, tot ze warm zijn.

1 croissantje

Mierikswortel crème

2-3 plakjes koud rundvlees

1 bruine ingelegde ui, in dunne plakjes gesneden

Verdeel de croissant doormidden en bestrijk de snijkanten met de mierikswortelcrème. Sandwich met plakjes rundvlees en ui. Leg ze op een bord en verwarm ze, onafgedekt, gedurende 30 tot 35 seconden om te ontdooien, tot ze warm zijn.

1 croissantje

15-20 ml / 3-4 theelepels pesto

3 dunne plakjes mozzarella

1 kleine tomaat, in dunne plakjes gesneden

2 zwarte olijven (optioneel)

Snijd de croissant doormidden en besmeer de gesneden helften met pesto. Sandwich samen met de rest van de ingrediënten. Leg ze op een bord en verwarm ze gedurende 40 seconden ontdooid tot ze warm zijn.

Harde kaas en citroen

1 croissantje
Citroenpudding
30ml / 2 st. Rijpe kaas
1 kleine appel, geraspt

Verdeel de croissant doormidden en verdeel de citroencrème over de snijkanten. Sandwich met ricotta en appels. Leg ze op een bord en laat ze 25-30 seconden ontdooien tot ze warm zijn.

Gekruide jam en bananen

1 croissantje
15 ml / 1 eetlepel rode jam (uit blik)
1 kleine banaan, in plakjes gesneden
Kaneelpoeder

Snijd de croissant doormidden en smeer de jam op de gesneden kanten. Sandwiches samen met plakjes banaan en bestrooid met kaneel. Leg ze op een bord en laat ze 25-30 seconden ontdooien tot ze warm zijn.

Chocolade en bananen

Bereid op dezelfde manier als de pittige jam en bananen, maar vervang de jam door chocopasta (uit blik).

Gebakken bonen op toast

Een traditionele favoriet: magnetron op ontdooien, zodat de bonen niet splijten.

1 groot stuk toast
Boter of margarine (optioneel)
150 g / 5 oz / 2/3 kop gebakken bonen in tomatensaus

Leg de toast op een bord. Laat het puur of smeer het in met boter of margarine. Bestrijk met bonen. Verwarm onafgedekt na het ontdooien gedurende 3 1/2 minuut tot het warm is.

Kaasachtige bonen op toast

Geserveerd 1

Bereid het als gebakken bonen op toast, maar strooi 3 eetlepels geraspte cheddar over de bonen. Kook nog eens 15-20 seconden.

Geserveerd 1

1 groot stuk toast

Boter of margarine (optioneel)

213 g / 7½ oz / 1 klein blikje spaghetti en tomatensaus

Leg de toast op een bord. Laat het puur of smeer het in met boter of margarine. Giet de spaghetti erover. Verhit, onafgedekt, op vol vuur gedurende 2 tot 2¼ minuten, tot het heet is.

Foreltips

1 hele forel, schoongemaakt en gewassen

15 ml / 1 eetlepel boter of margarine

Zout en versgemalen zwarte peper

Paprika

30 ml / 2 eetlepels sherry

Leg de forel op een bord. Smelt boter of margarine gedurende 30 seconden onafgedekt. Meng alle overige ingrediënten en giet dit over de vis. Dek af met vershoudfolie (huishoudfolie) en snijd twee keer door zodat de stoom kan ontsnappen. Kook onafgedekt gedurende 8 minuten. Laat 1 minuut rusten voordat u gaat eten.

Tonijnfilet met mayonaise

1 groot stuk witte of bruine toast

30ml / 2 st. mayonaise

100 g tonijn uit blik in olie, in vlokken

30 ml / 2 eetlepels geraspte cheddarkaas

Paprika

Leg de toastjes op een bord en bestrijk ze met mayonaise. Bedek de tonijn gelijkmatig. Bestrooi met kaas en bestrooi met paprikapoeder. Verwarm onafgedekt op vol vuur gedurende 2 minuten.

Zachte haringkuit gekookt in boter met knoflook

125 g zachte haringkuit, gewassen en uitgelekt

15 ml / 1 eetlepel boter of margarine

1 teentje knoflook, gepeld

Zout en versgemalen zwarte peper

1-2 lente-uitjes (lente-uitjes), gehakt

Toast, serveer

Doe de kaviaar in een kleine maar diepe schaal. Bestrooi met stukjes boter of margarine en pers de knoflook erin. Breng op smaak. Dek af met vershoudfolie (huishoudfolie) en snijd twee keer door zodat de stoom kan ontsnappen. Kook gedurende 5 minuten om te ontdooien. Laat 1 minuut rusten. Ontdek en bestrooi met uien. Eet met toast.

30 ml / 2 eetlepels tomatenketchup (ketchup)
45 ml / 3 st. dikke mayonaise
5 ml / 1 theelepel. Worcestershire saus
5 ml / 1 theelepel medium droge sherry
1,5 ml / ¼ theelepel Tabasco-saus
1 schotel, ongeveer 225 g, schoongemaakt en gesneden
1 lente-ui (ui), gehakt

Meng ketchup, mayonaise, worcestershiresaus, sherry en tabasco door elkaar. Leg de vis op een bord. Bestrijk met saus en bestrooi met ui. Dek af met vershoudfolie (huishoudfolie) en snijd twee keer door zodat de stoom kan ontsnappen. Kook gedurende 3½ tot 4 minuten, totdat de schil begint te barsten. Laat 1 minuut rusten voordat u gaat eten.

Een huisgemaakt gerecht dat goed samengaat met tagliatelle met

eieren

1 stuk verse gember ter grootte van een walnoot, geschild en gehakt

1 teentje knoflook, geperst

15 ml / 1 eetlepel teriyakisaus

2,5 ml/½ theelepel Worcestershiresaus

10 ml / 2 theelepels. gehakte korianderblaadjes

1 schotel, ongeveer 225 g, schoongemaakt en gesneden

1 lente-ui (ui), gehakt

Roer de gember, knoflook, teriyakisaus, worcestershiresaus en koriander erdoor. Leg de vis op een bord. Bestrijk met het kruiden-sausmengsel en bestrooi met de ui. Dek af met vershoudfolie (huishoudfolie) en snijd twee keer door zodat de stoom kan ontsnappen. Kook gedurende 3½ tot 4 minuten, totdat de schil begint te barsten. Laat 1 minuut rusten voordat u gaat eten.

Pittige versie van haring.

1 verse haring, schoongemaakt, onthoofd en gewassen
Zout en versgemalen zwarte peper
15 ml / 1 eetlepel ciderazijn
2,5 ml / ½ theelepel gemengde gedroogde kruiden
2,5 ml/½ theelepel zachte bruine suiker

Leg de haring met het vlees naar boven op een bord. Bestrooi met zout en peper. Giet de azijn met kruiden en suiker en giet dit met een lepel over de vis. Dek af met vershoudfolie (huishoudfolie) en snijd twee keer door zodat de stoom kan ontsnappen. Kook onafgedekt gedurende 3½ tot 4 minuten, tot het vlees schilferig en zacht is. Laat 1 minuut rusten voordat u gaat eten.

1 zalmsteak, ongeveer 200 g, gewassen en gedroogd
30 ml / 2 eetlepels citroensap

30 ml / 2 eetlepels witte wijn of water

Zout en witte peper

Serveer met gesmolten boter of mayonaise

Leg de zalm in een platte, ronde schaal. Bestrijk met citroensap en wijn of water. Bestrooi met zout en peper. Dek af met vershoudfolie (huishoudfolie) en snijd twee keer door zodat de stoom kan ontsnappen. Kook tot het ontdooid is gedurende 6-7 minuten. Laat 1,5 minuut rusten. Eet warm met gesmolten boter of koud met mayonaise.

Citrusvruchtenras met koriander

1 stuk waaiervormige schaatsvleugels, ongeveer 200 g/7 oz

15 ml / 1 eetlepel pinda- (pinda)- of maïsolie

45 ml / 3 st. vers geperst sinaasappelsap

30ml / 2 st. Koriander (koriander)blaadjes, fijn geraspt

Chinese eiernoedels, vers gekookt

10 ml / 2 theelepels sesamolie

Zoete maïs (maïs), voor serveren (optioneel)

Leg de vis op een groot bord. Combineer de pinda- of maïsolie en het sinaasappelsap en verwarm, onafgedekt, gedurende 1 minuut. Lepel over schaats. Bestrooi met koriander. Dek af met vershoudfolie (huishoudfolie) en snijd twee keer door zodat de stoom kan ontsnappen. Kook gedurende een volledige 4 minuten. Laat 1 minuut rusten. Voeg de sesamolie toe aan de noedels in de pot en meng goed. Als je wilt, eet dan schaatsen met pasta en maïs.

Makreel gekruid met pesto

makreel, schoongemaakt, onthoofd en gewassen

15 ml / 1 eetlepel tomatensap

5 ml/1 theelepel pesto

2,5 ml/½ theelepel geraspte citroenschil

Zout en versgemalen zwarte peper

Ciabatta of pasta, om te serveren

Leg de vis op een bord met het vlees naar boven. Giet het tomatensap met de pesto en het schijfje citroen en giet over de vis. Bestrooi met zout en peper. Dek af met vershoudfolie (huishoudfolie) en snijd twee keer door zodat de stoom kan ontsnappen. Kook onafgedekt 3½ tot 4 minuten, tot het vlees gaar is. Laat 1 minuut rusten voordat u het eet met hete ciabatta of gekookte pasta.

Tandoori-makreel

1 makreel, schoongemaakt, kop verwijderd en gewassen

15 ml / 1 eetlepel citroensap

zout

5 ml / 1 theelepel tandoorkruiden

Gemengde salade

1 naanbrood

Leg de vis op een bord met het vlees naar boven. Besprenkel met
citroensap, zout naar smaak en kruidenmix. Dek af met vershoudfolie
(huishoudfolie) en snijd twee keer door zodat de stoom kan
ontsnappen. Kook onafgedekt gedurende 3½ tot 4 minuten, tot het
vlees schilferig en zacht is. Laat 1 minuut staan voordat je het eet met
salade en naanbrood.

Duizendbladige schelvis met krab

1 schelvissteak of -filet met vel, ongeveer 200 g, gewassen en

gedroogd

45 ml / 3 st

2,5 cm / 1 stuk verse gemberwortel, gehakt

1 lente-ui (ui), gehakt

1 teentje knoflook, geperst

25 ml / 1½ theelepel dikke mayonaise

2,5 ml / ½ theelepel sojasaus

2,5 ml/½ theelepel chilisaus

5 ml / 1 theelepel moutazijn

Leg de vis op je bord. Doe de krab in een kleine kom met de gember, ui en knoflook. Voeg de overige ingrediënten toe en meng grondig. Met een mes over de vis verdelen. Dek af met vershoudfolie (huishoudfolie) en snijd twee keer door zodat de stoom kan ontsnappen. Kook gedurende 8 1/2 minuut om te ontdooien. Laat het anderhalve minuut staan voordat u gaat eten.

Een delicate kruidensaus vormt een perfecte aanvulling op de vis.

Gebruik desgewenst heek of schelvis.

1 kabeljauwsteak, ongeveer 200 g, gewassen en gedroogd

10 ml / 2 theelepels boter of margarine

30ml / 2 st. een (lichte) crème.

30ml / 2 st. samengesteld uit droge citroen- en tijmvulling

Paprika

30 ml / 2 eetlepels gehakte peterselie

Leg de vis in een platte ronde schaal. Smelt de boter of margarine op het vuur gedurende ongeveer 30 seconden. Meng de room en giet deze over de vis. Strooi het vulmengsel erover en bestrooi met paprikapoeder voor extra kleur. Dek af met vershoudfolie (huishoudfolie) en snijd twee keer door zodat de stoom kan ontsnappen. Kook tot het ontdooid is gedurende 6-7 minuten. Laat 1,5 minuut rusten. Bestrooi de vis met peterselie voordat u hem eet.

Klassiek, ook wel bonne femme genoemd. Vanuit culinair perspectief betekent dit alles wat gemaakt is met uien, champignons en ongerookt spek.

30 ml / 2 eetlepels boter of margarine
1 kleine ui, grof gesneden
4 champignons met gesloten hoed, gesneden en in plakjes gesneden
2 rondjes (plakjes) mager ongerookt spek, in reepjes gesneden
1 grote kabeljauwsteak, ongeveer 225 g/8 oz
gehakte peterselie, ter decoratie

Doe de boter of margarine in een ondiepe ronde kom van 600 ml/1 pt/2½ kopje. Ontdek, onbedekt gedurende anderhalve minuut. Meng ui, champignons en spek. Dek af met vershoudfolie (huishoudfolie) en snijd twee keer door zodat de stoom kan ontsnappen. Kook gedurende een volledige 2 minuten. Meng en plaats de vis er bovenop. Dek af zoals voorheen en kook op vol vuur gedurende 4½-5 minuten. Laat 1 minuut rusten. Ontdek en bestrooi met peterselie. Eet onmiddellijk.

Franse kabeljauw

225 g kabeljauwfilet, gesneden uit het dikste deel

50 g champignons, in plakjes gesneden

15 ml / 1 eetlepel boter of margarine

1 teentje knoflook, geperst

5 ml / 1 theelepel Franse mosterd

15 ml / 1 eetlepel droge witte wijn of Calvados

zout

Leg de kabeljauw op een bord en bestrooi met champignons. Doe de overige ingrediënten in een schotel, breng op smaak met zout en verwarm zonder deksel gedurende anderhalve minuut. Schep er vis en champignons over. Dek af met vershoudfolie (huishoudfolie) en snijd twee keer door zodat de stoom kan ontsnappen. Kook gedurende een volledige 4 minuten. Laat 1 minuut rusten voordat u gaat eten.

Manhattan-code

1 grote kabeljauwsteak, ongeveer 225 g/8 oz

50g roomkaas met knoflook en kruiden

25 g sterke cheddarkaas, geraspt

15 ml / 1 eetlepel tomatenketchup (ketchup)

15 ml / 1 eetlepel gemalen cornflakes of chips

Doe de vis in een ondiepe ronde schaal van 600 ml/1 pt/2½ kopje.
Bestrijk met roomkaas en bestrooi met cheddarkaas. Ketchup erover
gieten. Dek af met vershoudfolie (huishoudfolie) en snijd twee keer
door zodat de stoom kan ontsnappen. Kook gedurende een volledige 5
minuten. Laat 1 minuut rusten. Ontdek en bestrooi met cornflakes of
chips. Eet onmiddellijk.

Kabeljauwcurry met kokos

225 g kabeljauwfilet met vel, van het dikke uiteinde gesneden
15 ml / 1 eetlepel boter of margarine, op kamertemperatuur
2,5 ml/½ theelepel milde kerriepoeder
15 ml / 1 eetlepel fijngedroogde kokosnoot (geraspt).
15 ml / 1 eetlepel slagroom (licht).
Zout en versgemalen zwarte peper
Paprika
Gehakte korianderblaadjes (koriander), voor garnering

Leg de kabeljauw op een bord en houd deze apart. Doe de boter of margarine, het kerriepoeder, de kokosnoot en de room in een kleine kom en meng goed. Warmte gedetecteerd tijdens ontdooien gedurende 1 minuut. Giet de kabeljauw erover en bestrooi met zout en peper naar smaak. Bestrooi met paprikapoeder. Dek af met vershoudfolie (huishoudfolie) en snijd twee keer door zodat de stoom kan ontsnappen. Kook gedurende een volledige 4 minuten. Laat 1 minuut rusten. Ontdek en bestrooi met koriander. Eet onmiddellijk.

*225 g kabeljauw- of schelvisfilet zonder vel, uit het dikste deel
gesneden*
30ml / 2 st. kocht een knoflook- en kruidenvinaigrette
6 verse dragon- of basilicumblaadjes of waterkersblaadjes

Leg de vis op een bord en bestrijk met de vinaigrette. Bedek met
kruidenblaadjes of waterkersblaadjes. Dek af met vershoudfolie
(huishoudfolie) en snijd twee keer door zodat de stoom kan
ontsnappen. Kook gedurende een volledige 4 minuten. Laat 1 minuut
rusten voordat u gaat eten.

Ingemaakte dumptruck

*Stel je voor... gerookte haring zonder blijvende geur! Vroeger werden
chutneys gekookt door ze in een kop heet water te laten liggen, maar
deze magnetronmethode doet ook een vergelijkbare perfecte klus.*

1 middelgrote haringfilet, ontdooid indien bevroren
boter of margarine

Doe de haring in een ondiepe vierkante schaal van 20 cm. Voeg voldoende koud water toe om de vis te bedekken. Dek af met vershoudfolie (huishoudfolie) en snijd twee keer door zodat de stoom kan ontsnappen. Kook gedurende een volledige 6 minuten. Laat 2 minuten rusten. Ontdek en download. Serveer met een klontje boter of margarine.

Finnan Pike

125 g gerookte schelvisfilet, van het dikke uiteinde gesneden
300 ml/½ pt/1¼ kopje koud water
Boter of margarine of 1 hardgekookt ei, voor serveren (optioneel)

Doe de vis in een ondiepe ronde schaal van 600 ml/1 pt/2½ kop. Voeg de helft van het water toe. Dek af met huishoudfolie (huishoudfolie) en snijd twee keer door zodat de stoom kan ontsnappen. Kook gedurende een volledige 3 minuten. Ontdek en download. Herhaal met het resterende water en dek af zoals voorheen. Haal het deksel eraf, laat het weer uitlekken en kook het geheel nog eens 2 minuten. Ontdek en download. Doe het op een bord en garneer met boter of margarine of, volgens traditie, een hardgekookt ei.

175 g kruimige aardappelen, geschild en in blokjes gesneden

45 ml / 3 eetlepels koud water

zout

5 ml / 1 theelepel boter of margarine

15 ml / 1 eetlepel melk

15 ml / 1 eetlepel gehakte peterselie

225 g witte vis- of zalmfilet met vel

30 ml / 2 eetlepels gemalen chips of cornflakes

Doe de aardappelen in een ronde schaal van 600 ml/1 pt/2½ kop. Voeg 30 ml/2 eetlepels water en 2,5 ml/½ theelepel zout toe. Dek af met vershoudfolie (huishoudfolie) en snijd twee keer door zodat de stoom kan ontsnappen. Kook gedurende een volledige 4 minuten. Laat 1 minuut rusten. Giet af en meng voorzichtig met boter of margarine en melk. Meng de peterselie met een vork. Leg de vis in een kleine ronde schaal en breng op smaak met zout. Voeg het resterende koude water toe. Dek af zoals voorheen en kook op vol vuur gedurende 3 minuten. Giet af en vlieg. Voeg toe aan het aardappelmengsel. Verdeel over een schoon bord. Bestrooi met chips of cornflakes. Opwarmen, onafgedekt, gedurende 2 volle minuten.

Hongaarse kip

Een geweldige verrassing gebaseerd op een Hongaarse klassieker.

1 kipfilet zonder bot, ongeveer 150 g, met vel

15 ml / 1 eetlepel gedroogde gemengde pepervlokken

15 ml / 1 eetlepel gesneden gedroogde champignons

15 ml / 1 eetlepel gedroogde ui

45 ml / 3 theelepels kokend water

60 ml / 4 eetlepels. zure room (zure melk).

15 ml / 1 eetlepel tomatenpuree (pasta)

5 ml / 1 theelepel paprikapoeder

Zout en versgemalen zwarte peper

Serveer met gekookte pasta of nieuwe aardappelen

Was de kip en droog hem af met keukenpapier. Snijd in dunne reepjes en zet opzij. Doe alle gedroogde groenten in een ronde kom van 600 ml/2½ kopje en voeg het water toe. Dek af met vershoudfolie (huishoudfolie) en snijd twee keer door zodat de stoom kan ontsnappen. Kook gedurende 5 minuten om te ontdooien. Laat 4 minuten rusten. Leg de kipreepjes erop. Dek af zoals voorheen en kook op vol vuur gedurende 2 minuten. Meng de overige ingrediënten, kruiden naar smaak. Meng de kip en groenten. Dek af zoals voorheen en kook op vol vuur gedurende 3 minuten. Laat 2 minuten rusten. Meng voor het eten met verse pasta of nieuwe aardappelen.

Snelle Kip à la King

Vanaf de jaren zestig en zeventig, toen voedsel uit Noord-Amerika hier begon aan te komen. Eet met een eenvoudige scone of muffin of geroosterd koekje.

1 stuk kipfilet zonder bot, ongeveer 200 g, met vel

15 ml / 1 eetlepel gedroogde gemengde pepervlokken

15 ml / 1 eetlepel gesneden gedroogde champignons

7,5 ml / ½ theelepel maïs (maïszetmeel)

30ml / 2 st. medium droge sherry

75 ml / 5 eetlepels. een room (light) of volle melk

Zout en versgemalen zwarte peper

Doe de kip in een ronde schaal van 600 ml/1 pt/2½ kop. Bestrooi met pepervlokken en champignons. Dek af met vershoudfolie (huishoudfolie) en snijd twee keer door zodat de stoom kan ontsnappen. Kook gedurende een volledige 4 minuten. Meng de maïzena met de sherry tot een gladde massa en roer er dan de room of melk door. Breng op smaak. Haal de kip eraf en bedek met het

160

maïsmengsel. Dek af zoals voorheen en kook op vol vuur gedurende 2 en een halve minuut. Laat het 2 en een halve minuut rusten voordat u gaat eten.

Jaag op de kip

Dit van oorsprong Italiaanse gerecht is een warme, karakteristieke stoofpot, op smaak gebracht met zwarte olijven. Te eten met rijst, aardappelgnocchi of pasta.

1 stuk kipfilet zonder botten, ongeveer 200 g
1 teentje knoflook, geperst
50 g champignons, in dunne plakjes gesneden
8 zwarte olijven
2 tomaten, geblancheerd, gepeld en gehakt
10 ml / 2 theelepels. gehakte basilicumblaadjes
zout

Was de kip en droog hem af met keukenpapier. Plaats in een container van 600 ml / 1 pt / 2½ kopje. Bestrooi met knoflook. Dek af met huishoudfolie (huishoudfolie) en snijd twee keer door zodat de stoom kan ontsnappen. Kook gedurende een volledige 4 minuten. Ontdekking. Bestrijk de kip met alle andere ingrediënten en voeg zout naar smaak toe. Dek af zoals voorheen en kook op vol vuur gedurende 2 minuten. Laat 2 minuten rusten voordat u gaat eten.

Kip met pompoen

Speciaal Halloween-evenement.

1 kipfilet zonder bot, ongeveer 150 g, met vel
2 plakjes (plakjes) buikspek, fijngehakt
50 g / 2 oz / ¾ kopje gesneden pompoenpulp
50 g champignons, in plakjes gesneden
5 ml / 1 theelepel maïs (maïszetmeel)
5 ml/1 theelepel bouillonpoeder of 10 ml/2 theelepels juskorrels
60 ml / 4 eetlepels appelsap of water
Zout en versgemalen zwarte peper

Was de kip en droog hem op keukenpapier. In reepjes snijden. Giet in een ronde container van 600 ml / 1 pt / 2½ kopje. Meng het spek en de kip met de rest van de ingrediënten en breng op smaak. Dek af met vershoudfolie (huishoudfolie) en snijd twee keer door zodat de stoom kan ontsnappen. Kook gedurende een volledige 6 minuten. Laat het anderhalve minuut staan en roer dan voordat je gaat eten.

Kip en Kiev-saus

Een originele bewerking van een favoriet uit de supermarkt.

1 stuk kipfilet zonder bot, ongeveer 200 g, met vel
Zout en versgemalen zwarte peper
15 ml / 1 eetlepel boter
30 ml / 2 eetlepels gehakte peterselie
1 teentje knoflook, geperst
10 ml / 2 theelepels citroensap

Doe de kip in een ronde schaal van 600 ml/1 pt/2½ kop. Breng op smaak. Smelt de boter of margarine op het deksel gedurende ongeveer 1 minuut. Meng de overige ingrediënten en giet dit over de kip. Dek af met vershoudfolie (huishoudfolie) en snijd twee keer door zodat de stoom kan ontsnappen. Kook gedurende een volledige 5 minuten. Laat 2 minuten rusten voordat u gaat eten.

Penang Pinda Kip

225 g kippendijen zonder vel

45 ml / 3 eetlepels gladde pindakaas

1,5 ml / ¼ theelepel paprikapoeder

1 teentje knoflook, geperst

15 ml / 1 eetlepel gedroogde kokosnoot (geraspt).

75 ml / 5 eetlepels melk

15 ml / 1 eetlepel citroensap

Snijd het vlees van elke poot op twee plaatsen met een scherp mes. Schik in een ronde schaal van 600 ml/1 pt/2½ kopje. Dek af met vershoudfolie (huishoudfolie) en snijd twee keer door zodat de stoom kan ontsnappen. Kook gedurende een volledige 4 minuten. Laat 2 minuten rusten. Ontdekking. Meng de overige ingrediënten en giet dit over de kip. Kook onafgedekt gedurende 3 1/2 minuut om te ontdooien. Mengen. Dek af zoals voorheen en kook op vol vuur gedurende 2 minuten. Laat 3 minuten rusten voordat u gaat eten.

Kipstoofpot met groenten

15 ml / 1 eetlepel olijfolie of maïsolie

1 grote wortel, geraspt

1 grote ui, geraspt

2 stengels bleekselderij, in dunne plakjes gesneden

1 kipfilet zonder bot, ongeveer 150 g, met vel

3 rijpe tomaten, geblancheerd, geschild en gehakt

45 ml / 3 st. rode of roséwijn

Zout en versgemalen zwarte peper

2,5 ml/½ theelepel gedroogd kruidenmengsel

Giet de olie in een ronde schaal van 600 ml/1 pt/2½ kopje. Warmte gedetecteerd tijdens ontdooien gedurende 1 minuut. Meng de groenten. Kook onafgedekt gedurende een volledige 3 minuten. Snijd het kippenvlees op twee plaatsen met een scherp mes. Schik de groenten erbovenop. Bedek met tomaten en wijn. Breng op smaak en strooi er groen over. Dek af met vershoudfolie (huishoudfolie) en snijd twee keer door zodat de stoom kan ontsnappen. Kook gedurende een volledige 7 1/2 minuut. Laat 4 minuten rusten voordat u gaat eten.

Dieter's gemarineerde uienkip

Zonder stress en met heel weinig vet.

225 g kippendijen zonder vel
1,5 ml / ¼ theelepel paprikapoeder
5 ml/1 theelepel bouillonpoeder of 10 ml/2 theelepels juskorrels
10 ml / 2 theelepels warm water
2,5 ml/½ theelepel Worcestershiresaus
2 bruine ingelegde uien, in dunne plakjes gesneden

Doe de kip in een ronde schaal van 600 ml/1 pt/2½ kop. Bestrooi met paprikapoeder. Meng de overige ingrediënten goed, behalve de uien. Giet over de kip en garneer met plakjes ui. Dek af met vershoudfolie (huishoudfolie) en snijd twee keer door zodat de stoom kan ontsnappen. Kook gedurende een volledige 5 1/2 minuut. Laat 2 minuten rusten voordat u gaat eten.

Pittige kip- en wortelsaus

225 g kippendijen zonder vel

5 ml / 1 theelepel medium kerriepoeder

200 g / 7 oz / 1 klein blik wortelen, uitgelekt

2 snufjes gemalen gember

1,5 ml / ¼ theelepel knoflookzout

2,5 ml/½ theelepel maïs (maïszetmeel)

15 ml / 1 eetlepel koude melk

Doe de kip in een ronde schaal van 600 ml/1 pt/2½ kopje en bestrooi met kerriepoeder. Dek af met vershoudfolie (huishoudfolie) en snijd twee keer door zodat de stoom kan ontsnappen. Kook gedurende een volledige 5 minuten. Snijd ondertussen de wortels fijn. Meng de andere ingrediënten. Haal de kip eraf en bedek met het wortelmengsel. Dek af zoals voorheen en kook op vol vuur gedurende 2 en een halve minuut. Laat 3 minuten rusten voordat u gaat eten.

Kip met taugé

75 g verse taugé, afgespoeld en uitgelekt

3 ontbijtuitjes (lente-uitjes), fijngehakt

225 g kippendijen zonder vel

7,5 ml / ½ theelepel. Korrels saus of bouillonpoeder

30 ml / 2 eetlepels kokend water

10 ml / 2 theelepels medium droge sherry

Zout en versgemalen zwarte peper

Serveer met gekookte jasmijnrijst of Chinese noedels

Doe de taugé in een ronde schaal van 600 ml/1 pt/2½ kopje. Bestrooi met de lente-uitjes. Leg de kip erop. Meng de kristalsuiker of het bouillonpoeder met het water en voeg vervolgens de sherry toe. Breng op smaak. Giet over de kip. Dek af met vershoudfolie (huishoudfolie) en snijd twee keer door zodat de stoom kan ontsnappen. Kook volledig gedurende 5½-6 minuten. Laat 3 minuten rusten voordat u het eet met jasmijnrijst of pasta.

Kipchutney

225 g stukken kip, zonder vel

2 rijpe perziken of nectarines, gehalveerd, ontpit en in blokjes

gesneden

Vers citroen- of limoensap

Paprika

zout

45 ml / 3 eetlepels mangochutney

2 ontpitte dadels

Snijd met een scherp mes het vlees van elke dij op drie plaatsen. Leg het gesneden fruit in het midden van een bord en besprenkel met citroen- of limoensap. Leg de eetstokjes erop, met de vlezige delen naar de rand van het bord. Bestrooi met paprikapoeder en zout en garneer met chutney. Dek af met vershoudfolie (huishoudfolie) en snijd twee keer door zodat de stoom kan ontsnappen. Kook gedurende een volledige 6 minuten. Laat 4 minuten rusten. Ontdek en garneer met dadels voordat je het serveert.

Ananas kip

Voor een Hawaïaanse smaak doe je hetzelfde als bij kipchutney, maar vervang je 1 ring ananas uit blik door gesneden perziken of nectarines. Bestrooi met geroosterde kokosnoot ter decoratie.

Tex-Mex Kip en Avocado

225 g stukken kip, zonder vel

1 kleine tot middelgrote rijpe avocado

5-10 ml / 1-2 theelepels. Chilisaus

10 ml / 2 theelepels vers citroensap

2 tomaten, geblancheerd, gepeld en fijngehakt

2,5 ml / ½ theelepel zout

Tortillachips, om te serveren

Snijd met een scherp mes het vlees van elke dij op drie plaatsen. Schik het vlees op een bord met een diameter van 20 cm, met het vlees naar de rand. Dek af met vershoudfolie (huishoudfolie) en snijd twee keer door zodat de stoom kan ontsnappen. Kook gedurende een volledige 4 minuten. Snijd de avocado doormidden en verwijder het vruchtvlees. Meng voorzichtig met chilisaus en citroensap. Haal de kip eruit en bedek met het avocadomengsel. Giet de tomaten erover en bestrooi met zout. Dek af zoals voorheen en kook op vol vuur gedurende 2½-3 minuten. Laat 3 minuten staan voordat je met tortillachips gaat eten.

Zoetzure kip met witlof

225 g stukken kip, zonder vel

1 krop witlof (Belgisch witlof), geschoond

1 stengel bleekselderij, in dunne plakjes gesneden

15 ml / 1 eetlepel sojasaus

15 ml / 1 eetlepel mout- of rijstazijn

15 ml / 1 eetlepel lichte honing

Snijd met een scherp mes het vlees van elke dij op drie plaatsen. Schik ze op een diep bord, met de vleeskant naar de rand. Om de bitterheid te verminderen, verwijdert u de kegelvormige kern van de basis van de witlof. Snijd de witlof in de lengte doormidden en leg deze met de gesneden kant naar beneden op elke kant van de kip. Strooi de plakjes bleekselderij erover. Meng de resterende ingrediënten en giet het over de kip. Dek af met vershoudfolie (huishoudfolie) en snijd twee keer door zodat de stoom kan ontsnappen. Kook op vol vuur gedurende 6½-7 minuten. Laat 3 minuten rusten voordat u gaat eten.

Kip uit het vuur gegooid

225 g stukken kip, zonder vel

90 ml/6 eetlepels. dikke romige yoghurt zonder toevoegingen

Fles van 5 ml / 1 theelepel mierikswortelcrème

5 ml / 1 theelepel continentale mosterd

2,5 ml / ½ theelepel paprikapoeder

2,5 ml/½ theelepel ui- of knoflookzout

30ml / 2 st. gezouten pinda's, fijngehakt

Serveer met gekookte nieuwe aardappelen en groene salade

Snijd met een scherp mes het vlees van elke dij op drie plaatsen. Schik in een schaal van 600 ml / 1pt / 2½ kopje, met de vleeszijde naar de rand. Dek af met vershoudfolie (huishoudfolie) en snijd twee keer door zodat de stoom kan ontsnappen. Kook gedurende een volledige 5 minuten. Meng de yoghurt, mierikswortel, mosterd, paprika en ui- of knoflookzout goed. Haal de kip eraf en bedek met het yoghurt-pindamengsel. Dek af zoals voorheen en kook op vol vuur gedurende 2 minuten. Laat 3 minuten rusten voordat u gaat eten.

Portugese kip

225 g kippendijen

1 teentje knoflook, geperst

1,5 ml / ¼ theelepel gedroogde tijm

Zout en versgemalen zwarte peper

Paprika

75 g champignons, in plakjes gesneden

30ml / 2 st

Snijd met een scherp mes het vlees van elke dij op drie plaatsen. Schik in een schaal van 600 ml / 1pt / 2½ kopje, met de vleeszijde naar de rand. Bestrooi met knoflook en tijm en zout, peper en paprikapoeder naar smaak. Dek af met vershoudfolie (huishoudfolie) en snijd twee keer door zodat de stoom kan ontsnappen. Kook gedurende een volledige 4 minuten. Ontdek en omring jezelf met paddenstoelen. Haven overstroomd. Dek af zoals hierboven en kook op vol vuur gedurende 3 minuten. Laat 3 minuten rusten voordat u gaat eten.

Valse kip in een pan

1 courgette, in dunne plakjes gesneden
4 gesneden uien (lente-uitjes).
1 kipfilet zonder bot, ongeveer 150 g, met vel
15 ml / 1 eetlepel sojasaus

Verdeel de plakjes courgette over de bodem van een bakplaat van 600 ml en verdeel ze over de uien. Snijd het kippenvlees op twee plaatsen met een scherp mes. Verdeel de groenten erover en giet de sojasaus erover. Dek af met vershoudfolie (huishoudfolie) en snijd twee keer door zodat de stoom kan ontsnappen. Kook volledig gedurende 4-4½ minuten. Laat 3 minuten rusten voordat u gaat eten.

Doe de kip in een schaal van 600 ml/1 pt/2½ kopje. Dek af met vershoudfolie (huishoudfolie) en snijd twee keer door zodat de stoom kan ontsnappen. Kook gedurende een volledige 2 1/2 minuut. Laat 2 minuten rusten. Ontdek en voeg de rijst, uien, kruiden en soja- of

175

bouillonpoeder gemengd met water toe. Breng op smaak. Dek af zoals voorheen en kook tot het ontdooid is gedurende 7 minuten. Laat 3 minuten rusten voordat u gaat eten.

Kippenvlees met champignons

200 g kipfilet, in blokjes
150 ml / 5 fl oz / ½ champignonroomsoep
30ml / 2 st. geschaafde geroosterde amandelen (gespleten).

Schik de kip in een losse ring in een schaal van 600 ml/1 pt/2½ kopje. Dek af met vershoudfolie (huishoudfolie) en snijd twee keer door zodat de stoom kan ontsnappen. Kook gedurende een volledige 2 1/2 minuut. Ontdek en roer grondig door de soep. Dek af zoals voorheen en kook tot het ontdooid is gedurende 4 minuten. Laat 2 minuten rusten. Ontdek en bestrooi met amandelen. Eet onmiddellijk.

Konijn met mosterd

225 g konijnenbrokken
10 ml / 2 theelepels maïsmeel (maïszetmeel)
5 ml / 1 theelepel Engels mosterdpoeder
zout
25 ml / ½ eetlepel tomatenketchup (ketchup)
150 ml/¼ pt/2/3 kop volle melk

Schik het konijn in een schaal van 600 ml/1 pt/2½ kop. Dek af met vershoudfolie (huishoudfolie) en snijd twee keer door zodat de stoom kan ontsnappen. Kook gedurende een volledige 3 minuten. Meng intussen de maïzena, mosterd en zout naar smaak door elkaar. Voeg geleidelijk de ketchup en melk toe en meng tot een gladde massa. Bedek het konijn en bestrijk het met het mosterdmengsel. Dek af zoals voorheen en kook op vol vuur gedurende 3 en een halve minuut. Laat 3 minuten rusten voordat u gaat eten.

Bruisend konijntje

225 g konijnenbrokken

1 kleine ui, heel dun gesneden en in ringen gesneden

25 ml / 1 en een halve eetlepel maïs (maïszetmeel)

½ blikje of fles bruisend mineraalwater met limoen- of citroensmaak

5 ml / 1 theelepel. Korrels saus of bouillonpoeder

15 ml / 1 eetlepel warm water

Zout en versgemalen zwarte peper

Schik het konijn in een schaal van 600 ml/2½ kop en garneer met de uienringen. Dek af met vershoudfolie (huishoudfolie) en snijd twee keer door zodat de stoom kan ontsnappen. Kook gedurende een volledige 3 1/2 minuut. Klop de overige ingrediënten tot een gladde massa. Haal het konijn eraf en giet het sausmengsel erover. Dek af zoals voorheen en kook op vol vuur gedurende 3 en een halve minuut. Laat 3 minuten rusten voordat u gaat eten.

Kalkoen en babyerwten

175 g / 6 oz kalkoenvleesmengsel
15 ml / 1 eetlepel gewone bloem (alle doeleinden).
3 bruine uien gemarineerd in azijn, in dunne plakjes gesneden
60 ml / 4 eetlepels. petit pois, ingeblikt of bevroren
30 ml / 2 eetlepels melk
Zout en versgemalen zwarte peper
30 ml / 2 eetlepels gemalen chips
1 gepofte aardappel, om te serveren

Doe de kalkoen in een schaal van 600 ml/1 pt/2½ kopje. Dek af met vershoudfolie (huishoudfolie) en snijd twee keer door zodat de stoom kan ontsnappen. Kook gedurende een volledige 3 minuten. Ontdek en mix. Meng alle andere ingrediënten behalve de chips. Dek af zoals hierboven en kook gedurende 2 volle minuten. Laat 2 minuten rusten. Ontdek, meng en bestrooi met chips. Verdeel de aardappelen in de schil, vul ze en bedek ze gedeeltelijk met het kalkoenmengsel.

Kalkoen met pruimen en Armagnac

12 stekken geplant

45 ml / 3 eetlepels warm water

175 g kalkoenborstfilet, in blokjes gesneden

1 prei, in dunne plakjes gesneden

15 ml / 1 eetlepel gewone bloem (alle doeleinden).

30ml / 2 st. Armagnac of andere cognac

Zout en versgemalen zwarte peper

Week de pruimen gedurende 1 uur in warm water. Doe de kalkoen en prei in een schaal van 600 ml/1 pt/2½ kop. Meng de bloem. Dek af met vershoudfolie (huishoudfolie) en snijd twee keer door zodat de stoom kan ontsnappen. Kook gedurende een volledige 4 minuten. Ontdek en meng de pruimen, het water en alle andere ingrediënten, breng op smaak. Dek af zoals voorheen en kook op vol vuur gedurende 2 minuten. Laat 3 minuten rusten voordat u gaat eten.

Turkije in cider

10 ml / 2 theelepels boter of margarine

175 g kalkoenborstfilet, in blokjes gesneden

1 teentje knoflook, geperst

15 ml / 1 eetlepel maïs (maïszetmeel)

Zout naar smaak

5 ml / 1 theelepel. Korrels saus of bouillonpoeder

2,5-5 ml/½-1 theelepel mosterdpoeder

120 ml / 4 fl oz / ½ kopje droge cider

Serveer met aardappelpuree en een groene groente

Giet de boter of margarine in een schaal van 600 ml/1 pt/2½ kop. Ontdooien, onbedekt, gedurende 30 tot 45 seconden. Roer de kalkoen en knoflook erdoor. Dek af met vershoudfolie (huishoudfolie) en snijd twee keer door zodat de stoom kan ontsnappen. Kook gedurende een volledige 3 1/2 minuut. Meng de rest van de droge ingrediënten gelijkmatig met de cider. Haal de kalkoen eraf en voeg het cidermengsel toe. Dek af zoals voorheen en kook op vol vuur gedurende 3 minuten. Laat het 3 minuten staan voordat u het eet met aardappelpuree en groene groenten.

Roze kalkoen

10 ml / 2 theelepels boter of margarine

1 kleine ui, gehakt

175 g kalkoenborstfilet, in blokjes gesneden

15 ml / 1 eetlepel maïs (maïszetmeel)

Zout en versgemalen zwarte peper

1,5 ml / ¼ theelepel paprikapoeder

120 ml/4 fl oz/½ kopje rosé

Doe de boter of margarine in een schaal van 600 ml/1 pt/2½ kopje. Ontdooien, onbedekt, gedurende 30 tot 45 seconden. Roer de ui en kalkoen erdoor. Dek af met vershoudfolie (huishoudfolie) en snijd twee keer door zodat de stoom kan ontsnappen. Kook gedurende een volledige 3 minuten. Meng de rest van de droge ingrediënten gelijkmatig met de wijn en voeg naar smaak kruiden toe. Haal de kalkoen eraf en bedek met het wijnmengsel. Meng grondig. Dek af zoals voorheen en kook op vol vuur gedurende 3 en een halve minuut. Laat 3 minuten rusten voordat u gaat eten.

Turkije hamburger

125 g / 4 oz / 1 kop gemalen kalkoen (gemalen).
15 ml / 1 eetlepel gewone bloem (alle doeleinden).
1,5 ml / ¼ theelepel zout
15 ml / 1 eetlepel melk of bouillon
1 hamburgerbroodje, verwarmd en gepekeld, om te serveren

Meng alle ingrediënten grondig. Maak een rondje van 9 cm/3½. Plaats op een bord. Kook onafgedekt gedurende een volledige 2 1/2 minuut.

Laat 45 seconden rusten. Snijd het hamburgerbroodje open en plaats de hamburger erin. Garneer met optionele augurken en eet.

Kerrie: Voeg vóór het koken 2,5 ml/½ theelepel kerriepoeder toe aan het kalkoenmengsel.

Cajun: Voeg voor het koken 5 ml / 1 theelepel toe. Worcestershiresaus, 5 ml / 1 theelepel. Chilisaus en 1 geperst teentje knoflook.

tomaat: Voeg vóór het koken 10 ml/2 theelepel toe aan het kalkoenmengsel. Tomatenpuree (pasta) en een snufje suiker.

Italiaans: Voeg vóór het koken 10 ml/2 theelepels tomatenpuree (pasta) en 5 ml/1 theelepel pesto toe aan het kalkoenmengsel.

haver: vervang de bloem door 30 ml/2 eetlepels. haver. Verhoog de hoeveelheid melk of bouillon tot 30 ml/2 eetlepels.

Snelle stoofpot van rundvlees en groenten

125 g / 4 oz / 1 kop rundergehakt (gemalen).
75 g / 3 oz / ¾ kopje pakje koolsalade (zonder dressing)
5 ml / 1 theelepel. Korrels saus of bouillonpoeder
150 ml/¼ pt/2/3 kopje heet water
Vers gemalen zwarte peper

Doe het vlees in een schaal van 600 ml/1 pt/2½ kopje. Meng de koolsalade goed. Dek af met vershoudfolie (huishoudfolie) en snijd twee keer door zodat de stoom kan ontsnappen. Kook gedurende een volledige 3 minuten. Meng de overige ingrediënten goed. Voeg het vlees en de groenten toe en roer het bouillonmengsel erdoor. Dek af zoals voorheen en kook op vol vuur gedurende 3 minuten. Laat 2 minuten rusten voordat u gaat eten.

Runderstoofpot met gemengde groenten

Bereid je voor zoals bij de snelle rundvlees- en groentestoofpot, maar vervang de koolsla door 15 ml/1 eetlepel gedroogde champignons en 15 ml/1 eetlepel gedroogde of gemengde ui (peper).

Curry rundvleesstoofpot

Bereid je voor zoals bij rundvleesstoofpot met gemengde groenten, maar voeg 7,5-10 ml/1½-2 theelepels medium curry met gedroogde groenten toe.

Kort gesneden Bolognese ragù

125 g / 4 oz / 1 kop rundergehakt (gemalen).

15 ml / 1 eetlepel gedroogde ui

15 ml / 1 st. gedroogde gemengde paprika's (Bulgaars).

15 ml / 1 eetlepel gesneden gedroogde champignons

2,5 ml/½ theelepel Italiaanse kruiden of gedroogde basilicum

15 ml / 1 eetlepel tomatenpuree (pasta)

1,5 ml / ¼ theelepel suiker

10 ml / 2 theelepels. gewoon meel (voor alle doeleinden).

5 ml / 1 theelepel. Korrels saus of bouillonpoeder

45 ml / 3 theelepels heet water

3 tomaten, geblancheerd, gepeld en gehakt

Zout en versgemalen zwarte peper

Gekookte pasta, om te serveren

Meng rundvlees, uien, paprika, champignons, Italiaanse kruiden of basilicum, tomatenpuree, suiker en bloem grondig in een kom van 600 ml. Kook onafgedekt gedurende een volle 2 minuten. Prik het vlees in met een vork. Meng de juskorrels of het bouillonpoeder gelijkmatig met het water en spatel dit door het rundvleesmengsel. Roer de tomaten erdoor. Dek af zoals voorheen en kook op vol vuur gedurende 4 en een halve minuut. Laat 2 minuten rusten. Ontdek en proef. Eet onmiddellijk met de pasta.

Bolognese ragù met wijn

Bereid als een korte mortadella-ragù, maar vervang het water door rode wijn.

Gevulde paprika

Een specialiteit uit Oost-Europa, de Balkan en Israël.

1 grote rode of groene (bellen).

125 g / 4 oz / 1 kop gemalen rundvlees, lamsvlees of varkensvlees

15 ml / 1 st. Makkelijk om langkorrelige rijst te koken

1 kleine ui, geraspt

5 ml / 1 theelepel. Korrels saus of bouillonpoeder

45 ml / 3 theelepels heet water

1,5 ml / ¼ theelepel gedroogd kruidenmengsel

45 ml / 3 st. hete bouillon

Snijd de bovenkant van de paprika's af en zet apart. Verwijder interne vezels en zaden en gooi ze weg. Snijd indien nodig een dun plakje van de bodem, zodat de paprika rechtop blijft staan. Meng vlees, rijst, uien, juskorrels of bouillonpoeder, heet water en kruiden. Wikkel in peper en dek af met het gereserveerde deksel. Giet het mengsel in een puddingbakje van 600 ml/1 pt/2½ kopje. Giet de bouillon eromheen. Dek af met vershoudfolie (huishoudfolie) en snijd twee keer door zodat de stoom kan ontsnappen. Kook gedurende een volledige 7 1/2 minuut. Laat 3 minuten rusten voordat u gaat eten.

Paprika gevuld met ham

Bereid je voor zoals bij gevulde paprika's, maar vervang de gemalen achterham door rund-, lams- of varkensvlees.

Gehakte varkensgoulash

175 g / 6 oz / 1½ kopjes gemalen varkensvlees of rundvlees

30 ml / 2 eetlepels gedroogde ui

30ml / 2 st. gemengde gedroogde pepers (Bulgaars).

10 ml / 2 theelepels. gewoon meel (voor alle doeleinden).

200 g / 7 oz / 1 blik gehakte tomaten

2,5 ml / ½ theelepel paprikapoeder

Zout en versgemalen zwarte peper

Doe het vlees in een schaal van 600 ml/1 pt/2½ kopje. Verander gedroogde groenten in meel. Dek af met vershoudfolie (huishoudfolie) en snijd twee keer door zodat de stoom kan ontsnappen. Kook gedurende een volledige 3 minuten. Ontdek en meng met een vork. Voeg de tomaten en peper toe en breng op smaak. Dek af zoals voorheen en kook op vol vuur gedurende 2 en een halve minuut. Laat 2 minuten rusten voordat u gaat eten.

Hongaarse vleespaprika

Bereid je voor zoals varkensgehaktgoulash, maar meng 30-45 ml / 2-3 eetlepels vlak voor het eten. zure room (zure melk) of crème fraîche.

Rundvleesburger

125 g / 4 oz / 1 kop mager rundergehakt (gemalen).

15 ml / 1 eetlepel gewone bloem (alle doeleinden).
Zout en versgemalen zwarte peper
15 ml / 1 eetlepel melk of bouillon
1 hamburgerbroodje of friet (friet) en salade, voor erbij

Meng het vlees goed met de rest van de ingrediënten. Maak een rondje van 9 cm/3½. Plaats op een bord. Kook onafgedekt gedurende een volle 2 minuten. Laat het 1 minuut staan voordat je het eet op gesneden brood of met friet en salade.

Variaties op de rundvleesburger

Tandoori: Voeg 2,5 ml/½ theelepel tandoorikruidenmix toe aan het vleesmengsel.

Chinese: Voeg 2,5 ml/½ theelepel Chinees vijfkruidenpoeder toe aan het vleesmengsel.

Mosterd: Voeg 4 ml/1 theelepel Engelse mosterd toe aan het vleesmengsel.

Kaas:nadat de burger gaar is en 1 minuut heeft laten rusten, bestrooit u met een plakje gesmolten kaas. Kook onafgedekt op vol vuur gedurende 30 seconden.

Koning onder de hamburgers

Voor grote trek. Eet met slablaadjes en gesneden tomaten, aardappelen in de schil of chips (friet). De burger maakt zijn eigen heerlijke saus.

225 g / 8 oz / 2 kopjes grofgemalen biefstuk

zout

30 ml / 2 eetlepels sterk witbrood

15 ml / 1 eetlepel melk of bouillon

2,5 ml / ½ theelepel Bovril of ander vleesextract

Meng alle ingrediënten grondig. Maak een rondje van 12 cm/4½. Breng over naar een bord. Kook onafgedekt gedurende een volledige 4 minuten. Laat het anderhalve minuut staan voordat u gaat eten.

Een gigantische cheeseburger

Kook zoals de King Burger, maar beleg de burger eenmaal gaar met 1-2 plakjes gesmolten kaas. Kook op de hoogste stand gedurende 45 tot 60 seconden, tot het gesmolten is.

225 g aardappelen, geschild en in blokjes gesneden
40 ml / 2½ theelepel warm water
1,5 ml / ¼ theelepel zout
10 ml / 2 theelepels boter of margarine
125 g cornedbeef, fijngehakt
15 ml / 1 eetlepel melk of bouillon
2,5 ml / ½ theelepel Engelse mosterd

Doe de aardappelen in een grote kom met water en zout. Dek af met vershoudfolie (huishoudfolie) en snijd twee keer door zodat de stoom kan ontsnappen. Kook gedurende 6-7 minuten tot ze zacht zijn. Giet af en meng. Klop de boter of margarine erdoor. Meng de andere ingrediënten. Maak de zijkanten van de ovenschaal schoon met keukenpapier. Dek af zoals voorheen en kook op vol vuur gedurende 2 minuten. Laat 1 minuut rusten voordat u rechtstreeks uit de kom eet.

Bereid het als corned beef hasj, maar beleg het met een gebakken (gepocheerd) of gepocheerd ei.

Valse Chinese ribben

4 varkensribbetjes, totaal ongeveer 225 g/8 oz
15 ml / 1 eetlepel sinaasappel- of citroenmarmelade
10 ml / 2 theelepels rijstazijn
10 ml / 2 theelepels sojasaus
zout

Schik de ribben op een bord zo breed als de spaken van een wiel. Doe de overige ingrediënten in een kleine kom. Verwarm onafgedekt gedurende 45-60 seconden. Verdeel gelijkmatig over de ribben. Dek af met vershoudfolie (huishoudfolie) en snijd twee keer door zodat de stoom kan ontsnappen. Kook gedurende een volledige 4 1/2 minuut. Laat het anderhalve minuut staan voordat u gaat eten.

Rode ribben

4 varkensribbetjes, totaal ongeveer 225 g/8 oz
15 ml / 1 eetlepel tomatenpuree (pasta)
1,5 ml / ¼ theelepel paprikapoeder
5 ml / 1 theelepel mierikswortelsaus
2,5 ml / ½ theelepel continentale mosterd

Schik de ribben op een bord zo breed als de spaken van een wiel. Meng de resterende ingrediënten in een kleine kom en verdeel ze over de ribben. Dek af met vershoudfolie (huishoudfolie) en snijd twee keer door zodat de stoom kan ontsnappen. Kook gedurende een volledige 4 1/2 minuut. Laat het anderhalve minuut staan voordat u gaat eten.

fruitham

1 ronde achterhamsteak, ongeveer 225 g/8 oz

75 ml / 5 eetlepels koud water

30ml / 2 st. stevige limoen

1 zoete peer, geschild, gehalveerd en zonder klokhuis

Snijd de ham regelmatig tot het einde door, zodat hij tijdens het koken niet leegloopt. Doe 600 ml / 1 pt / 2½ kopjes in een ronde container en voeg water toe. Dek af met vershoudfolie (huishoudfolie) en snijd twee keer door zodat de stoom kan ontsnappen. Kook gedurende een volledige 3 1/2 minuut. Giet af en doe het in een serveerschaal. Een jas met een hart. Snijd de perenhelften in dunne plakjes en leg ze op de ham. Dek af zoals voorheen en kook op vol vuur gedurende 1¼ minuut. Laat het anderhalve minuut staan voordat u gaat eten.

Duivelse varkens

Een stevig gerecht dat goed samengaat met suikermaïs en rijst.

1 vlezige karbonade, ongeveer 200 g

5 ml / 1 theelepel tomatenketchup (ketchup)

5 ml / 1 theelepel bruine tafelsaus

5 ml / 1 theelepel. Worcestershire saus

2,5 ml/½ theelepel milde kerriepoeder

1,5 ml / ¼ theelepel zout

1,5 ml / ¼ theelepel mosterdpoeder

Serveer met gekookte mais en gekookte rijst

Leg de kotelet op een bord. Klop de overige ingrediënten los en verdeel deze over de schnitzels. Dek af met vershoudfolie (huishoudfolie) en snijd twee keer door zodat de stoom kan ontsnappen. Kook gedurende een volledige 4 minuten. Laat 1 minuut rusten voordat u gaat eten.

200 g/7 oz/1 blik spaghetti en tomatensaus

1 vlezige karbonade, ongeveer 200 g

1,5 ml / ¼ theelepel gedroogd kruidenmengsel

1,5 ml / ¼ theelepel paprikapoeder

Zout en versgemalen zwarte peper

Giet de spaghetti in een schaal van 600 ml/1 pt/2½ kopje. Neem de hak hierboven. Bestrooi met groen, paprika en peper naar smaak. Dek af met vershoudfolie (huishoudfolie) en snijd twee keer door zodat de stoom kan ontsnappen. Kook gedurende een volledige 7 minuten. Laat 1,5 minuut rusten. Voor het eten, openmaken en bestrooien met zout naar smaak.

175 g lamshaas, in plakjes gesneden

1 houten spies, ongeveer 1 uur in water geweekt

5 ml / 1 theelepel. Worcestershire saus

5 ml / 1 theelepel tomatenketchup (ketchup)

1 teentje knoflook, geperst

Draai de lamsblokjes op de spiesjes. Plaats op een serveerschaal. Meng de overige ingrediënten en verdeel ze over het vlees. Dek losjes af met keukenpapier om morsen te voorkomen. Laat het geheel 3 minuten

194

koken, waarbij u de spies één keer draait. Laat 1 minuut rusten voordat u gaat eten.

Worst spiesjes

Bereid op dezelfde manier als een lamskebab, maar vervang het lamsvlees door rund- of varkensworst. Snijd elke worst in vijf stukken.

Victoriaanse lamsgehaktballetjes

3 beste lamsgehaktballetjes, ongeveer 200 g totaal

15 ml / 1 eetlepel bruine tafelsaus

Schik de gehaktballetjes op een plat bord als de spaken van een wiel, het vlees komt op de rand terecht. Verspreid met saus. Dek losjes af met keukenpapier om morsen te voorkomen. Kook gedurende een volledige 3 1/2 minuut. Laat het 45 seconden zitten voordat u gaat eten.

Shortcut van lever en uien

45 ml / 3 st. gedroogde gesneden ui

65 ml / 2½ fl oz / 4½ eetlepels water

125 g lamslever, in reepjes gesneden

10 ml / 2 theelepels. Korrels saus of bouillonpoeder

Zout en versgemalen zwarte peper

Doe de uien in een pot van 600 ml/2½ kopje met 60 ml/4 eetlepels water. Kook onafgedekt gedurende 1¾ minuten. Meng de lever, sauskorrels of bouillonpoeder met het resterende water en voeg peper

195

naar smaak toe. Dek af met vershoudfolie (huishoudfolie) en snijd twee keer door zodat de stoom kan ontsnappen. Kook gedurende een volledige 3 minuten. Laat 1 minuut rusten. Ontdek en bestrooi met zout.

Gegrilde lever met spek en erwten

125 g lams- of varkenslever, in reepjes gesneden

1 reepje spek (plakje), grof gesneden.

60 ml / 4 eetlepels. Erwtjes in blik

10 ml / 2 theelepels. Korrels saus of bouillonpoeder

Doe de lever en het spek in een schaal van 600 ml/1 pt/2½ kop. Meng de andere ingrediënten. Dek af met vershoudfolie (huishoudfolie) en snijd twee keer door zodat de stoom kan ontsnappen. Kook gedurende een volledige 4 minuten. Laat 1,5 minuut rusten. Ontdek en mix. Eet onmiddellijk.

Gepeperde nieren

2 hele verse lamsnieren

Zwarte Peperbollen

15 ml/1 theelepel maïsmeel (maïszetmeel)

5 ml / 1 theelepel. Worcestershire saus

60 ml / 4 eetlepels koud water

1,5 ml / ¼ theelepel zout

Toast, serveer

Was en droog de nier en snijd hem in blokjes. Giet in een schaal van 600 ml/1 pt/2½ kopje. Maal er een laagje zwarte peper over. Meng de overige ingrediënten behalve het zout. Dek af met vershoudfolie (huishoudfolie) en snijd twee keer door zodat de stoom kan ontsnappen. Kook gedurende een volledige 3 minuten. Laat 1 minuut rusten. Ontdek, meng en bestrooi met zout. Eet met een lepel op toast.

Appel nieren

2 hele verse lamsnieren

50 g champignons, in dunne reepjes gesneden

5 ml / 1 theelepel maïs (maïszetmeel)

1,5 ml / ¼ theelepel gedroogd kruidenmengsel

1,5 ml / ¼ theelepel paprikapoeder

75 ml / 5 eetlepels appelsap

zout

Was en droog de nier en snijd hem in blokjes. Voeg 600 ml / 1 pt / 2½ kopjes toe aan het gerecht met champignons. Meng maïs, groen, paprika en appelsap. Dek af met vershoudfolie (huishoudfolie) en snijd twee keer door zodat de stoom kan ontsnappen. Kook gedurende een volledige 3 1/2 minuut. Laat 1,5 minuut rusten. Ontdek, meng en breng op smaak met zout.

Gekookt ei op een hoed met kaassaus

1 hardgekookt ei

1 gebakken pad

Universele kaassaus

Paprika

Bereid het gepocheerde ei zoals aangegeven. Giet over de pad en bestrijk met de kaassaus. Bestrooi met paprikapoeder en eet onmiddellijk.

Een eenvoudige omelet

5 ml / 1 theelepel boter of margarine

2 grote eieren

Zout en versgemalen zwarte peper

10 ml / 2 theelepels water

Smelt de boter of margarine gedurende maximaal 30 seconden in een ondiepe keramische kom met een diameter van 18 cm/7 cm. Klop de overige ingrediënten samen tot ze licht en luchtig zijn. Giet in een container. Kook onafgedekt gedurende een volledige 1 1/2 minuut. Meng met een vork. Kook nog 30-45 seconden op vol vuur tot de omelet naar de bovenkant van de pan is gestegen. Laat het 30 seconden staan, snijd het in stukken en eet het onmiddellijk op.

Verse kruiden: Meng 40 ml/2½ eetlepel gehakte peterselie door de eieren en het water. Na roeren met een vork, kook gedurende 45-60 seconden.

Gemengde kruiden: Klop 40 ml/2½ theelepel gehakte gemengde verse kruiden door de eieren en het water.

Kaas:bestrijk de helft van de gekookte omelet met 30 ml/2 el. geraspte kaas, vouwen en op een bord laten glijden.

Paddestoelen:bestrijk de helft van de gekookte omelet met 45 ml/3 el. champignons in dunne plakjes gesneden en gekookt.

Amerikaans:bereid als een normale omelet, maar vervang het water door melk.

Eieren in een glas

Voor 1 ei: Klop 1 groot ei goed met 10 ml/2 theelepels melk en zout en versgemalen zwarte peper naar smaak. Giet ze in een beboterd theekopje of een kleine kom, bij voorkeur gemaakt van helder glas, zodat je kunt zien hoe de eieren koken. Dek af met een bord en kook op vol vuur gedurende 30 seconden. Mengen. Dek af zoals voorheen en kook nog eens 15-18 seconden op vol vuur tot het ei iets stolt en de pan gevuld is. Roer opnieuw en eet onmiddellijk.

Voor 2 eieren:hetzelfde als 1 ei, maar kook gedurende 40 seconden, roer en kook vervolgens nog eens 20 tot 24 seconden of tot de eieren lichtjes gestold zijn.

"Aardappelpizza

Een snelle pizza op aardappelbasis, een verandering van brood.

250 g aardappelen, geschild en in kleine stukjes gesneden

30 ml / 2 eetlepels water

2,5 ml / ½ theelepel zout

30 ml / 2 eetlepels melk

10 ml / 2 theelepels boter of margarine

75 ml / 5 eetlepels. oranje cheddarkaas

5 ml/1 theelepel pesto

15 ml / 1 eetlepel tomatenketchup (ketchup)

6 zwarte olijven (optioneel)

Doe de aardappelen in een pan van 600 ml/1 pt/2½ kop met water en zout. Dek af met vershoudfolie (huishoudfolie) en snijd twee keer door zodat de stoom kan ontsnappen. Kook gedurende een volledige 6 minuten. Ontdek en download. Meng goed en voeg dan de melk en de boter of margarine toe. Strijk de bovenkant glad en maak de randen van de ovenschaal schoon met keukenpapier. Bestrooi dik met kaas. Meng de pesto en de ketchup en giet dit over de kaas. Kook onafgedekt op vol vuur gedurende 1-1¼ minuten. Garneer met olijven, indien gebruikt, en eet onmiddellijk.

Doe de broccoli in 600 ml water. Bestrooi met zout. Dek af met vershoudfolie (huishoudfolie) en snijd twee keer door zodat de stoom kan ontsnappen. Kook 2½-3 minuten op volle kookhoogte, tot de broccoli gaar is maar nog wat kamille bevat. Doe de roomkaas in een kleine kom. Het maïsmeel wordt gelijkmatig met de melk gemengd en langzaam door de kaas gemengd. Haal de broccoli af en laat deze uitlekken. Bestrijk met kaasmengsel. Dek af zoals voorheen en kook op vol vuur gedurende 2 minuten. Schep op toast en bestrooi met noten. Eet warm.

Snijd de bovenkant van de paprika's af en zet apart. Gooi de binnenste vezels en zaden weg. Zet de paprika rechtop in een schoteltje, snijd indien nodig een dun plakje van de bodem. Meng rijst, kaas, noten, mosterd, paprika en heet water. Breng op smaak met zout en peper. Wikkel er peper in en doe het "deksel" erop. Giet het tomatensap rond de paprika. Dek af met vershoudfolie (huishoudfolie) en snijd twee keer door zodat de stoom kan ontsnappen. Kook gedurende een volledige 6 minuten. Laat 3 minuten rusten voordat u gaat eten.

1 grote rijpe avocado

5 ml / 1 theelepel. Worcestershire saus

75 ml / 5 eetlepels. zure room (zure melk).

Zout en versgemalen zwarte peper

30ml / 2 st. Knoflookcroutons, in kleine stukjes gesneden

Schil de avocado zoals je een peer zou doen, beginnend bij het steeluiteinde. Snijd doormidden en verwijder de steen (pit). Snijd het vruchtvlees in blokjes met een roestvrijstalen mes. Giet het in een kom en meng met de Worcestershiresaus en room. Breng op smaak met zout en peper. Giet het mengsel in een schaal van 600 ml/1 pt/2½ kopje en bestrooi met croutons. Kook onafgedekt gedurende een volle 2 minuten. Eet onmiddellijk.

Praktisch bijgerecht voor vlees, worstjes en gevogelte.

175 g bloemkoolroosjes

zout

30 ml / 2 theelepels koud water

204

15 ml / 1 eetlepel olijfolie of zonnebloemolie

10 ml / 2 theelepels frambozenazijn

Muntsaus in flesje van 1,5 ml / ¼ theelepel

5 ml / 1 theelepel. Worcestershire saus

Zout en versgemalen zwarte peper

Snijd de bloemkool, bestrooi met zout en voeg water toe. Dek af met vershoudfolie (huishoudfolie) en snijd twee keer door zodat de stoom kan ontsnappen. Kook gedurende een volledige 3 minuten. Meng de overige ingrediënten grondig. Haal de bloemkool eraf en laat hem uitlekken. Bestrijk met de marinade en laat afkoelen. Dek af en zet in de koelkast tot het erg koud is voordat je gaat eten.

Bloemkoolkaas met peterselie

200 g bloemkoolroosjes

zout

45 ml / 3 eetlepels koud water

50 g roomkaas

15 ml / 1 eetlepel melk

10 ml / 2 theelepels. gehakte peterselie

2,5 ml / ½ theelepel gekookte mosterd

Paprika

Schik de bloemkool op een serveerschaal. Bestrooi met zout en voeg water toe. Dek af met vershoudfolie (huishoudfolie) en snijd twee keer door zodat de stoom kan ontsnappen. Kook gedurende een volledige 4 minuten. Doe alle overige ingrediënten, behalve de paprika, in een kom. Warmte gedetecteerd tijdens ontdooien gedurende 1 minuut. Mengen. Giet de bloemkool af en giet de saus erover. Verwarm onafgedekt op vol vermogen gedurende 1 minuut. Bestrooi met paprikapoeder voor het eten.

Gegrilde bleekselderij met spek en kaas

200 g verse selderie, in dunne plakjes gesneden

zout

45 ml / 3 theelepels kokend water

50 g gekookte ham, gehakt

30 ml / 2 eetlepels geraspte cheddarkaas

15 ml / 1 eetlepel elke gehakte gezouten noot

Doe de bleekselderij in een schaal van 600 ml/1 pt/2½ kop. Bestrooi met zout en voeg water toe. Dek af met vershoudfolie (huishoudfolie) en snijd twee keer door zodat de stoom kan ontsnappen. Kook gedurende een volledige 7 minuten. Laat 1 minuut rusten. Beslist. Koop ham en kaas. Maak de zijkanten van het bord schoon met keukenpapier. Bestrooi met noten. Dek af zoals voorheen en kook op vol vuur gedurende 1 minuut. Laat het 30 seconden zitten voordat u gaat eten.

Gebakken uien met Parmaham en Parmezaanse kaas

2 uien, gesneden

zout

45 ml / 3 theelepels kokend water

50 g / 2 oz / ½ kopje Parmaham, gehakt

15 ml / 1 eetlepel geraspte Parmezaanse kaas

15 ml / 1 eetlepel elke gehakte gezouten noot

Doe de uien in een schaal van 600 ml/1 pt/2½ kopje. Bestrooi met zout en voeg water toe. Dek af met vershoudfolie (huishoudfolie) en snijd twee keer door zodat de stoom kan ontsnappen. Kook gedurende een volledige 7 minuten. Laat 1 minuut rusten. Beslist. Koop ham en kaas. Maak de zijkanten van het bord schoon met keukenpapier. Bestrooi met noten. Dek af zoals voorheen en kook op vol vuur gedurende 1 minuut. Laat het 30 seconden zitten voordat u gaat eten.

Prik met een vork gaatjes in de auberginehuid. Wikkel het losjes in keukenpapier en leg het op een bord. Kook gedurende een volledige 5 minuten. Laat 3 minuten rusten. Overdracht naar het bestuur. Knip de groene stengel erboven af en gooi deze weg. Snij de aubergines in de lengte doormidden. Schraap het vlees op een plank, bewaar de schelpen en hak ze grof. Doe het in een kom en voeg zout naar smaak toe. Meng het citroensap, de olie, het ei en de pijnboompitten en meng goed. Pas de kruiden aan. Schik de aubergineschillen op een bord en vul ze met het eimengsel. Bestrooi rijkelijk met peterselie en eet op kamertemperatuur met sesambrood.

Dienst 4

Een hartige, verwarmende vegetarische ovenschotel die geserveerd kan worden met gekookte groene groenten of een knapperige salade.

750 g gekookte aardappelen, in dikke plakjes gesneden

3 grote tomaten, geblancheerd, geschild en in dunne plakjes gesneden

1 grote rode ui, grof geraspt

30 ml/2 eetlepels fijngehakte peterselie

175 g Goudse kaas, geraspt

Zout en versgemalen zwarte peper

30 ml / 2 eetlepels maïs (maïszetmeel)

30 ml/2 eetlepels koude melk

150 ml/¼ pt/2/3 kop heet water of groentebouillon

Paprika

Vul een beboterde schaal van 1,5 liter / 2½ pt / 6 kopjes met afwisselende lagen aardappelen, tomaten, uien, peterselie en tweederde van de kaas, bestrooid met zout en peper tussen de lagen. Maïs Meng de maïs gelijkmatig met de koude melk en giet er langzaam warm water of bouillon bij. Ga naar de randen van de container. Bestrooi met de resterende kaas en bestrooi met paprikapoeder. Dek af met keukenpapier en verwarm gedurende 12-15 minuten op de hoogste stand. Laat 5 minuten rusten alvorens te serveren.

Dienst 4

450 g zoete aardappelen met roze schil en geel vruchtvlees (geen zoete
aardappelen), geschild en in blokjes gesneden
60 ml / 4 eetlepels kokend water
45 ml / 3 eetlepels boter of margarine
60 ml / 4 eetlepels. Slagroom, verwarmd
Zout en versgemalen zwarte peper

Doe de aardappelen in een schaal van 1,25 liter / 2¼ pt / 5½ kopje.
Voeg water toe. Dek af met vershoudfolie (huishoudfolie) en snijd
twee keer door zodat de stoom kan ontsnappen. Kook gedurende 10
minuten en draai de pan drie keer. Laat 3 minuten rusten. Giet af en
meng voorzichtig. Klop de boter en de room voorzichtig los. Het
smaakt goed. Doe het over op een serveerschaal, dek af met een bord
en verwarm op hoog vuur gedurende 1½-2 minuten.

Maître d'Hotel zoete aardappelen

Dienst 4

450 g zoete aardappelen met roze schil en geel vruchtvlees (geen zoete aardappelen), geschild en in blokjes gesneden
60 ml / 4 eetlepels kokend water
45 ml / 3 eetlepels boter of margarine
45 ml / 3 eetlepels gehakte peterselie

Doe de aardappelen in een schaal van 1,25 liter / 2¼ pt / 5½ kopje. Voeg water toe. Dek af met vershoudfolie (huishoudfolie) en snijd twee keer door zodat de stoom kan ontsnappen. Kook gedurende 10 minuten en draai de pan drie keer. Laat 3 minuten rusten en laat vervolgens uitlekken. Voeg de boter toe, meng de aardappelen en bestrooi met de peterselie.

Romige aardappelen

Serveert 4-6

Aardappelen gekookt in de magnetron behouden hun smaak en kleur en hebben een geweldige textuur. Hun voedingsstoffen blijven behouden omdat er bij het koken een minimale hoeveelheid water wordt gebruikt. Er wordt brandstof bespaard en u hoeft geen potten af te wassen; u kunt zelfs aardappelen koken op uw serveertafel. Schil de aardappelen zo dun mogelijk om de vitamines te behouden.

900 g geschilde aardappelen, in stukjes gesneden
90 ml/6 eetlepels. kokend water

30-60 ml / 2-4 eetlepels boter of margarine

90 ml/6 eetlepels. warme melk

Zout en versgemalen zwarte peper

Doe de aardappelstukjes in 1,75 liter water. Dek af met vershoudfolie (huishoudfolie) en snijd twee keer door zodat de stoom kan ontsnappen. Kook op vol vuur gedurende 15-16 minuten, draai de pan vier keer, tot ze gaar zijn. Giet ze indien nodig af, meng voorzichtig en voeg afwisselend boter of margarine en melk toe. Seizoen. Als het licht en luchtig is, pureer je het met een vork en verwarm je het gedurende 2-2 1/2 minuut.

Peterselie-aardappelcrème

Serveert 4-6

Bereid zoals bij de aardappelcrème, maar voeg 45-60 ml / 3-4 eetlepels gehakte peterselie toe met de kruiden. Verwarm opnieuw gedurende 30 seconden.

Aardappelcrème met kaas

Serveert 4-6

Bereid zoals bij de aardappelcrème, maar voeg 125 g geraspte hard gezouten kaas toe. Verwarm nog 1 1/2 minuut.

Dienst 4

50 g / 2 oz / ¼ kopje margarine of bakvet

1 grote ui, fijngehakt

750 g aardappelen, in kleine stukjes gesneden

45 ml / 3 st. gedroogde pepervlokken

10 ml / 2 theelepels paprikapoeder

5 ml / 1 theelepel zout

300 ml/½ pt/1¼ kopje kokend water

60 ml / 4 eetlepels. zure room (zure melk).

Doe de margarine of het bakvet in een container van 1,75 liter/3 pt/7½ kopje. Verhit, onafgedekt, gedurende 2 volle minuten, tot het net begint te sissen. Voeg de ui toe. Kook onafgedekt gedurende een volle 2 minuten. Meng de aardappelen, pepervlokken, paprikapoeder, zout en kokend water. Dek af met vershoudfolie (huishoudfolie) en snijd twee keer door zodat de stoom kan ontsnappen. Kook gedurende 20 minuten en draai de pan vier keer. Laat 5 minuten rusten. Schep op voorverwarmde borden en giet op elk bord 15 ml/1 eetlepel zure room.

Een avontuurlijke hulp voor vis en gevogelte.

125 g verse taugé

45 ml / 3 eetlepels tomatensaus of bruine augurk

2,5 ml/½ theelepel Worcestershiresaus

2,5 ml / ½ theelepel zout

Meng alle ingrediënten samen in een container van 600 ml / 1 pt / 2½ kopje. Dek af met vershoudfolie (huishoudfolie) en snijd twee keer door zodat de stoom kan ontsnappen. Kook gedurende een volledige 3 minuten. Laat het 1 minuut staan, meng en eet.

Pompoenpompoen

*Dit magnetron-pompoengerecht kan zowel zoet als hartig gegeten
worden.*

450 g pompoenschil
boter of margarine
*Demerarasuiker of gouden siroop (lichte maïs) of zout en versgemalen
zwarte peper*

Verwijder de stengels en zaden van de pompoen. Plaats op een bord.
Dek af met vershoudfolie (huishoudfolie) en snijd twee keer door
zodat de stoom kan ontsnappen. Kook gedurende een volledige 7
minuten. Laat 2 minuten rusten. Leg ze op een bord, met het vel naar
beneden en het vlees naar boven. Besprenkel met boter of margarine
en bestrooi met suiker of zoete pompoensiroop of zout en peper voor
de smaak.

Warme salade met avocado
75 ml / 5 eetlepels kant-en-klare slablaadjes
½ rijpe avocado
8 tortillachips, fijngehakt
30ml / 2 st. koop saladedressings van welke smaak dan ook

Op de bodem van het bord worden slablaadjes gerangschikt. Leg de
avocadopulp erop. Bestrooi met tortillachips en bestrijk met salsa.
Verwarm, onbedekt, gedurende 45 seconden. Eet warm.

Giet de champignons af en doe ze in een schaal van 600 ml/1 pt/2½ kopje. Meng de andere ingrediënten. Dek af met vershoudfolie (huishoudfolie) en snijd twee keer door zodat de stoom kan ontsnappen. Kook gedurende een volledige 2 1/2 minuut. Laat 30 seconden rusten. Meng en eet met warme nieuwe aardappelen of stukjes knapperig stokbrood.

Meng de rijst, 1,5 ml/¼ theelepel zout en kokend water in een bakje
van 600 ml/1 pt/2½ kop. Dek af met vershoudfolie (huishoudfolie) en
snijd twee keer door zodat de stoom kan ontsnappen. Zet de kom op
een bord om eventueel overlopend water op te vangen. Kook
gedurende een volledige 10 minuten. Laat 3 minuten rusten. Een vork
in de kaas, zonnebloempitten, komkommer en tomaat. Pas kruiden
naar smaak aan. Dek af zoals voorheen en verwarm ongeveer 2 en een
halve minuut op de hoogste stand.